JN199723

品質管理と品質保証，信頼性の基礎

真壁　肇・鈴木和幸［著］

日科技連

ま　え　が　き

品質管理は社会の繁栄とわれわれの日常生活を陰で支える大切な役割を担っている．想い起こせば，戦前には“安かろう，悪かろう”という品質の代名詞とさえいわれていた“made in Japan”は，多くの人々の努力により，今は高品質，高信頼性の製品として海外より高い評価を受けているのである．この品質管理の活動の様相は直接目で見ることはできないが，一旦，未熟な品質管理に起因して問題が発生したときに，初めて品質管理という言葉が登場することになり，このとき，言葉だけが独り歩きをすることも少なくない．戦後よりこれまでの約 70 年間に亘って，常に変動する社会より提起された品質問題に挑戦して発達して来た日本の品質管理の歩みを多くの人々が顧みて，原点に立ち返って品質管理の意義とその役割を学び，品質管理を身近なものとすることが望まれる．

この品質管理の基盤の上に，市場において突発的に発生する品質不具合や故障によって生ずる社会不安や事故を未然に防止して，消費者や市民を擁護することを主眼として，品質保証と信頼性が構築されるようになったのは，今より約 50 年も前の，社会に自動車が普及し各家庭にはカラーテレビや給湯器などが必需品として出廻るようになった昭和 40 年代のことである．また，100％に近い信頼度の確保を目標にしてアメリカが総力を挙げて開発してきた人工衛星アポロ 11 号が人類を初めて月の世界に送ることに成功して，世の人を驚かせたのは昭和 44 年の夏のことであった．これを契機にして，信頼性の理論及びその管理実施に関する研究は格段の進歩を遂げるようになったが，反面，技術が日進月歩の速さで進み，社会環境が大きく変化したわが国の現在の技術社会においては，いまだに，品質欠陥や品質保証の瑕疵によって発生した事故や社会問題などの報道が絶えることなく続いている.

本書は，品質管理と併せて，これを基本として発達して来た品質保証と信頼性を，長年，品質管理を学んできた筆者の視点に立って専門外の経営管理者をはじめとする多くの人にも理解できることを願って執筆し，これを上梓したものである．このため巻末にエピローグと，引用・参考文献とともに，初心者向けの読書案内を付すことにした.

今を遡る十数年前のことである．筆者は『品質保証のための信頼性入門』(日科技連出版社，2002)を上梓した後の，しばらくしたある時に，日科技連出版社出版部の小川正晴部長と戸羽節文課長の訪問を受け，“できる限りわかりやすく信頼性を解説する本”を執筆して欲しいという小山薫社長(肩書きはいずれも当時)の要請を伝えられた．このとき，小山社長と同じ思いを抱いていた筆者はあまりためらうこともなく「数式と専門用語をあまり使わないで信頼性を説明する本を執筆します」と答えてしまった．しかし爾来この執筆は長い間難航していたのではあるが，多くの知人のお勧めもあり何とか目的を果たすべく，数年前に上記の著書の共著者である鈴木和幸教授に御援助と御協力を申し出たところ，幸いにも御快諾を頂くことができたのである.

日本の品質管理を創り出して来た先駆者といえる，多くの先生方と企業経営に携わった諸賢のみなさまには，筆者は貴重な御指導と御教示を賜った．そして，日本の品質管理の歩みの実情をよく説明するために，本書では，各先生の御著書の一部を引用させていただいた．厚く御礼申し上げたい.

また，朝香鐵一東京大学名誉教授には，昭和30年代には本郷の先生の研究室へ定期的に参上して御教授を賜るなど，公私ともに御世話になった．さらに畏友，森村英典東京工業大学名誉教授と，海外において日本の品質管理を客観的に見守っている田村泰邦ワシントン大学名誉教授には，御専門とするそれぞれオペレーションズ・リサーチ(OR)及び経営管理統計学の視点より日頃より有り難い御指導と御鞭撻を頂いている．ここで各先生に心より感謝の意を表する次第である．

2018年3月25日

真　壁　　肇

ま え が き

グローバル化とデジタル化が伸展し，機能・性能の差が縮まり，価格競争のみに陥る，いわゆる商品のコモディティ化が進む中，わが国の役割は，顧客と社会に感動と安心を与える価値創造をタイムリーに行い，適正な価格で商品を市場に提供することにある．しかし新たな機能の開発への挑戦には，品質・コスト・納期(QCD)を含めすべてが完璧に達成しうるとは限らず，安心を脅かす重大故障や重大インシデントが発生することもある．不幸にして重大事故が発生してから再発防止を図るのでは手遅れであり，より大切なことは，発生防止・発見(流出防止)・影響防止の視点からこれらの不具合の未然防止を図ることである．以上の価値創造における未然防止を科学するものが品質管理と信頼性工学であり，これらに基づき，信頼性目標を達成し未然防止を行うための組織的活動が信頼性管理である．なお本書では，日米の慣習にならい，信頼性工学と信頼性管理を併せて広い意味で“信頼性”と呼ぶ．

IoT，AI，ビッグデータをはじめとする第 4 次産業革命の時代において，QCD 同時達成を目指した品質管理と品質保証及び信頼性の目的，目的達成への基本的考え方と留意点など，特にモノづくりに携わる経営トップ・管理者層の方々ならびに全エンジニアの方々，さらには一般企業のリスク管理者にご理解頂きたいことを中心に記した．また，品質管理と信頼性の研究者・学生の方々をはじめ，工科系の教員・学生の方々にも一読を御願いできれば幸いである．なお，用語の説明において最新の JIS 以外に旧 JIS の引用も多々行っている．これは日本が生んだ品質保証，信頼性の概念をよりよく説明するためである．

これまで御指導を賜った本書の共著者である真壁肇東京工業大学名誉教授にあらためて御礼申し上げるとともに，狩野紀昭東京理科大学名誉教授をはじめとする品質管理・信頼性分野の諸先生方に心からの感謝の意を表する．

2018年3月25日

鈴　木　和　幸

目　　次

プロローグ

品質管理は，簡単にいえば，「良い品質の製品やサービスを合理的かつ経済的に生み出して，これを社会に提供し社会の繁栄に貢献すること」を目的としている．より具体的にいえば，品質管理は「市場(社会，顧客ともいってよい)に十分に受け入れられる製品とサービスや，生産・運用に供するシステムなどの品質とコスト・納期の目標を明確にし，これを実現する実施計画を立て，経営トップをはじめとする全階層と全部門の協力の下に効率的に計画を実行して，社会の繁栄に貢献する所期の目的と品質目標を確実に達成すること」といえる．

この文言は常識としては簡単に理解できるが，この品質管理を実際に実践・推進して目的を達成するには，品質管理をよく学び，その上でその課題を十分に体得して，これを克服しなければならない．

ここではプロローグとして，各時代における社会と国の経済のこれまでの動静を顧みつつ，変動する社会と常に対座し発展してきた日本の品質管理の足跡を説明して，品質管理の意義とその役割を考察する．

(1)　品質管理の意義

現在，われわれは高度技術によって支えられている多種の製品や複雑なシステムに依存して，利便性の高い生活を享受しているが，このような安定した社会生活の基盤は，日常は目に見えない品質管理の日々の着実かつ地道な活動によって守られているところが少なくないことに目を向ける必要がある．

事実，視点を変えて品質管理の研究と現地・現場におけるこれまでの活動を検証してみれば，品質管理は市場のニーズの把握に努め，これに応える品質の向上を目指して**顧客満足度**を高めることに力を入れてきたことがわかる.

また，一方で，品質を守るという面においても品質管理は，顧客に対してだけではなく，社会にしばしば大きな損失と不安をもたらす品質の不具合や欠陥に対して，これらを未然に摘出して是正する仕組みとして**品質保証の体系**を構築してきたのである.

(2)　品質管理と日本経済

社会における品質管理の存在意義は(1)項に記したことだけに尽きるものではない. これまでの日本の品質管理活動の足跡を顧みれば，品質管理は戦後の荒廃した日本の産業の復興を目指し，製品品質の改善と向上に地道な活動を継続して展開し，当時の壊滅状態であった日本経済の再生にも貢献してきたのである. 今から60余年以上前のこれらの実情を知る人は，今や数少なくなった.

さらに1960年代に入ると，当時の日本の産業は国際化の時代を迎え，間もなく日本経済は高度成長期に入ることになる. このとき，戦後から一貫して国の保護政策の下にあった多くの日本の企業は，国際競争力のある品質を目指して日本独自の総合的品質管理(TQC)を確立するなど品質管理活動を強化し，**貿易自由化**という障壁を克服して次々と国際市場へ進出するようになった. そして，この過程において，「高品質と高信頼性」という世界的な評価によって裏打ちされた“made in Japan”の確立に，日本の品質管理は長年に亘って大きな役割を果たしてきたといえる.

(3)　TQMと品質保証，信頼性

常に新しい技術とともに進展している現在の高度技術社会において，品質管理にはさらに新しい役割が課せられることになった. ここで，この品質管理の意義のいま一つの重要な側面を考察しておく.

高度技術が出現し，複雑な構造の電気製品や自動車がわれわれの生活に身近なものとなり，社会インフラを構成する運輸交通・発送電などの大規模システムに大きく依存した日常生活が営まれるようになった1960年代の初め頃より，これらの製品やシステムに対して高度の品質と同時に信頼性・安全性を求める社会の声が次第に高まるようになってきた．時に，1962年にアメリカのケネディ(J. F. Kennedy)大統領が提唱した消費者擁護政策に端を発して，**消費者主義**(consumerism)が広く台頭するようになったのは1960年代中頃以降のことである．間もなく，**製造物責任**(PL)問題が初めて法廷の場で取り上げられるようになり，また自動車の**リコール**制度(欠陥のある車をメーカが回収修理する仕組み)も動き始めたのである．

上に述べたこの古くて新しい問題に対しては，わが国では，近年に亘って関連する各種の法の制定や改正など法制が着々と整備されているが，このような社会の動きに呼応して日本の品質管理はTQM(TQCは，1996年以降TQMという)の基盤の上に品質保証の体系を築き，その一環として**信頼性の管理**活動にも力を入れている．

(4)　品質管理の基本と品質保証のこれから—未然防止と源流管理—

品質管理は，品質の向上を目指して生産現場において改善(KAIZEN[1])を積み重ね，これまで大きな発展を遂げて来た．この姿は品質管理の基本ともいえる極めて重要な活動である．

しかし，高度技術の著しい進歩の下，新しい社会の動きに応えて，品質管理は市場において突発的に発生する品質不具合や故障を**未然**に**防止**して，社会に対して品質と，安全性，信頼性を保証するという新たな役割を担うようになってきたのである．

---

1)　日本のTQCを基盤にした改善(KAIZEN)活動は，海外でも広く実施されるようになった．この活動を日本でもカイゼンと呼ぶことが少なくない．

このため，品質管理は製品やシステムが産み出される「企画→開発・設計→生産→販売→運用」という品質保証活動の流れの段階の源流における管理(早期に，先手を打って品質上の問題を十分に検討して摘出し，これを改善・是正して，品質を保証すること)が重視されている．

以上の(1)～(4)の各項で，品質管理の意義について具体的な経過と事実を引用しながら説明してきたので，ここで本書の目的を簡単に記しておく．

[本書の目的]

品質管理や品質保証は，われわれの日常生活の向上に直結する大切な役割を担っている．そして，これらの用語が日頃よく使われているにもかかわらず，その概念や理念が常に十分に理解されているとは必ずしもいえない．

本書では，第1章だけでなく各章においても，これまで約70年近くに亘って研究され社会において実践されてきた日本の品質管理の概略を，特に品質保証と信頼性に焦点を当てて説明することに努めた．この意図は，まず品質管理の意味・役割・意義などを深く知るとともに，この品質管理と，これを基盤とする品質保証ならびに，その一環を形成する信頼性との関係を具体的な事実によって理解するためである．そして，これは単に懐古趣味によるものではなく，あくまで温故知新を目指しているものである．21世紀の今後に向けて，豊かな，そして安心安全が満たされた社会を築いてゆくためには，品質管理と品質保証，信頼性に期待される役割が少なくないからである．

また本書は，日頃は品質管理にあまり関係のない一般の管理者にも，その内容が理解できることを目指して執筆した．したがって，各章において品質管理，品質保証及び信頼性については，特に根幹といえる事項に限って，基礎となる専門用語の説明とともに，これらをなるべく平易に解説することにした．なお，日本の品質管理は，その発展の各過程においてSQC，TQC，TQMなどと呼称されているが，本書においては一般の通念に従って，特に必要としない場合は「品質管理」という用語を用いることにする．また，本来は，信頼性は品質特性を表す用語であるが，本書では，長い間の慣習より，信頼性管理と信頼性工学を総称して「信頼性」と呼ぶことにする．

第1章
日本の品質管理の歩みと品質保証，信頼性の生い立ち

戦後の日本で，その重要性が指摘され，本格的に研究とその啓蒙普及が開始され，現在まで発展を続けてきた日本の品質管理の概要とその歩みを説明し，その上で高度技術によって支えられている現在の高度技術社会において，この品質管理を基盤として築かれた品質保証と信頼性の生い立ちを述べることが本章の目的である．

これまでの品質管理の活動の経過を顧みれば，品質管理は，その目的を効果的に達成すべく長年に亘って優れた科学的経営管理の体系を築くとともに多くの科学的管理技術の手法を研究し，社会の繁栄に貢献してきた．品質保証と信頼性も同様である．

本章はさらに詳しく説明する品質管理，品質保証及び信頼性に関するいわゆる導入部でもある．

1.1　日本の品質管理の歩み

（1）　日本の品質管理の黎明期

第二次世界大戦後，多くの天然資源に乏しく，その上，戦前には赤字基調の貿易収支の年が多かったわが国では，日本経済の再興を目指して

良い品質の製品を効率的に生産する力を培って，貿易立国への道を切り開くことが喫緊の課題となっていた．このような社会経済の動きにいち早く呼応して，戦後の間もない1949年に，日本科学技術連盟(JUSE)には**QCリサーチグループ**(QCRG)がすでに発足していたのである．そして，戦前より当時まで長期に亘り“安かろう，悪かろう”という粗悪品の代名詞とされていた“made in Japan”という用語を優秀品のそれに置き換えるべく，このQCRGが中心となり多くの大学の研究者が参画する産官学(産業界，官界，学界)の三位一体の組織の下に品質管理の研究が開始されていた([註1.1]，p.24)．日本の品質管理の発展の黎明期の幕開けである．

ここで海外，とくにアメリカにおける**統計的品質管理**(SQC：Statistical Quality Control)の当時の普及状況について説明しておかなければならない．

第二次世界大戦が始まる遙か以前の1920年代の後半に，アメリカにおいてベル研究所の研究者シューハート(W. A. Shewhart)はSQCを提唱したが，このSQCは1930年代から1940年代にかけて，次第に広くアメリカの産業界の生産現場に取り入れられるようになっていった．それまでのいわゆる“手作り”型の個別生産方式による生産は，20世紀に入って間もなくライン生産を主体とする大量生産方式へと移行するようになったが，このことは，それまでの一人ひとりの作業者のワークマンシップと検査に依存して品質を維持しようとする道に大きな変革をもたらすようになっていた．

シューハートは，厳しい検査だけによって品質の向上と保証を目指す方法よりも，工程から抽出したデータを解析して工程を改善することにより安定した工程を作り出し，この工程において良い品質を作り込むことに力を入れることが大切であることを説き，管理図法を主体とするSQCの啓蒙普及に力を入れた．さらに，第二次世界大戦により大量の製品を生産企業に発注して購入することになったアメリカ政府は，1941年に戦時規格Z1.1，Z1.2，Z1.3を制定して企業にSQCの実施を義務づけた．

このようにして工場に普及したSQCは次第に優れた成果を挙げるようになり，各工場ではQCエンジニア(品質管理専門技術者)が活躍する体制が整っていった．一方，大学や研究所では品質管理とこれに関する多くの数理統計学の研究が発表されるようになり，1946年には**アメリカ品質管理学会**(ASQC：American Society for Quality Control，現在は**ASQ**：American Society for Quality)が発足し，これによりQCエンジニアと研究者が交流して研究する態勢ができ上がっていった([註1.2]，p.25)．

戦後の荒廃した日本の産業が一日も早く復興することを願って立ち上がったQCRGが，アメリカにおいて発達したSQCに注目して，SQCの研究に取り組んだことはいうまでもない．さらに，QCRGを中心としたSQCの啓蒙により，1950年代の前半の日本の品質管理の黎明期には，多くの人がSQCを学び，工場のSQC活動組織の確立とSQC活動の推進に産官学三位一体の協力の下に力を入れるようになった．そして，生産企業の現場では，データ解析(統計的手法)により不具合や品質不良の問題点や原因を確実に突き止めて，着実にPDCAの管理サイクル(§2.2，p.34)を回して改善を積み上げるという，日本独自の文化風土に根ざしたSQCの基礎作りが進められた．このことにより日本のSQC活動は品質向上の面に注目すべき成果を挙げるようになり，当然のことながら，この活動の意義と役割がやがて社会の多くの人々に高く評価されることになったのである．

(2)　日本の品質管理(SQC)の発達

1950年代の中頃(昭和30年頃)になると，品質管理や統計学の教育のために必要なテキストが次々と上梓され，日本の各大学の理工系の学部においては，品質管理や数理統計学の講義が順次開設されるようになった．さらに，各企業においても多くの技術者を対象に，現場の品質改善活動に即したSQC教育が展開されていった．そして，この頃になると，日本の産業と社会にも明るさが見えるようになり，「もはや“戦後”ではない」という声が聞こえるようになっていた(1956年度「経済白書」)．

神武景気，なべ底不況，岩戸景気などの盛衰を繰り返す日本経済の高度成長期の始まりに，産業界では品質管理への関心と期待が一段と高まり，経営トップ自らが品質の重要性を説き，品質管理(SQC)の意味をよく理解して品質向上のためにSQCを全社的に展開する企業が多くなってきた．間もなく，1960年前後には，いわゆる“日本のSQCの全盛時代”とも呼ばれる時期が到来したのである．

品質管理という言葉を知る技術者や管理者がほとんどいなかった全くゼロの状態からスタートした日本の品質管理は，それ(1960年前後)までの約10年余りの間に大きな成長を遂げてきたのである．しかし，この時代に広く国際社会の情勢に目を転ずると，わが国の産業界の前途には克服して乗り越えなければならない2つの大きな潮流が控えていた．それは，次の(3)項と(5)項で説明する**貿易自由化**(trade liberalization)の問題と**消費者主義**(consumerism)の課題である．1960年代には日本の産業発展の一翼を担う品質管理は，この2つの新しい試練に立ち向かうことになったのである．そして，品質管理はこの時代より，日本経済の将来をも賭けて，品質改善の手法を中心とした活動から，日本的経営の一つの特色ともいえる品質経営へと変容を遂げることになる．この背景において，これまで約70年近くに亘ってSQC，TQCよりTQMへと発展した日本の品質管理の推進に果たした学界の研究者，産業界の経営管理者，官界の関係者及び，**デミング賞委員会**の役割([註1.3]，p.25)

は計り知れないものがある.

(3) 貿易自由化問題とTQCの誕生

戦後，疲弊した日本の産業を一日も早く復興させるために，政府は「重要産業振興策」を制定し，この政策の下に，ある期間だけ各産業を保護してその国際競争力を高めることを一貫して実施していたが(天谷(1975)[1])，同時に，この政策はわが国の経済力が回復するのに貢献する一方で，貿易の自由化を求める諸外国からは非難の的となってきた．この政策を所轄担当する通商産業省に向けられた“notorious MITI”(MITIはMinistry of International Trade and Industryの頭文字)という用語[2]を新聞紙上などで目にするようになったのはこの時代の前後からのことである．

日本の産業の国際化時代を迎えて，1960年に当時の岸内閣は「貿易自由化計画大綱」を閣議決定して，日本の各産業の国際市場への進出を促すことになったが(天谷(1975)[1])，この大綱が策定される以前より日本の各産業の企業現場では国際競争力のある品質とコストに対応可能な企業体質の確立を急ぐようになっていた([註1.4]，p.26)．これに応えて日本の品質管理活動においては，経営トップのリーダーシップの下に，生産現場の品質改善活動に止まらず，さらに，市場のニーズを細かく把握して品質目標を定め，全部門が協力して良い品質を作り込むという**品質保証**の活動[3]と，これと併せて推進する**原価低減**を通じて企業体質の改善を進める“全社的QC”が多くの企業に浸透していった(水野[C-3])．

---

1) 天谷直弘(1975)：『漂流する日本経済』，毎日新聞社．
2) “notorious”とは「悪名高い」，「名うての」という意味である．
3) 当時は，単に「QA」とか「QA体制」ともいっていた．QAとはQuality Assuranceの略である．

1960年代の後半になると，これまで“全社的QC”と呼ばれていた品質管理は，**総合的品質管理(TQC**：Total Quality Control)と呼ばれるようになった．そして，TQCは日本独自の文化風土に根ざした科学的経営管理の一環を形成する品質管理として，学界の研究者と産業界の経営管理実務者との長年に亘る協力と尽力によって，その体系が着々と構成されていったのである．このように発達し，広く各企業に啓蒙され普及した品質管理活動は高品質の製品を表す“made in Japan”の誕生に大きな貢献を果たしてきた．そして，この頃になると，国際的にも高く評価され，知名度を高めた日本のTQCは海外においては“Company-Wide Quality Control”(略してCWQC)とも呼ばれるようになった([註1.5]，p.26)．

（4）　品質管理とその教育

ここで，役に立つ品質管理を計画するのも，これを実施するのも，“人”の力によるものである．そして，この品質管理は，良い品質によって社会の繁栄に貢献することを願って，人の叡智とエトス[4)]によって築かれてきたものである．

先の(3)項で説明した“全社的QC”すなわち“TQC”を普及するには品質管理の意味とその手法が全社的なレベルで理解される必要がある．このため，この頃(1950年，1960年代)には品質管理の教育が技術者だけではなくさらに広く管理者や現場第一線の技術者，そして監督者をも対象に組織的に広く実施されるようになった([註1.6]，p.27)．一般の人にはわかりにくいSQCの統計的手法は，図やグラフによって理解できるパレート図や特性要因図などをはじめとする7つの手法(道具)に整理され，これが「**QC七つ道具**」(§2.3(2)，p.40)として多くの人々

---

4)　習慣によって生まれる持続的な性格(『角川新国語辞典』)．

に品質の改善のために役立てられた.

そして,「**QC サークル**は, 同じ職場内で品質管理活動を自主的に行う小グループである. この小グループは全社的品質管理活動の一環として自己啓発, 相互啓発を行い, QC 手法を活用して, 職場の管理, 改善を継続的に全員参加で行う」(石川[2])と位置づけられた QC サークル活動の中心となる QC サークル本部が JUSE に設立されたのは 1962 年のことであるが, 1968 年に約 17 万人であった QC サークルのメンバー数は翌年の 1969 年には約 26 万人になったという([註 1.7], p.27).

(5)　高度技術社会と消費者主義の台頭

先の(3)項で説明した貿易自由化問題は国際的な社会経済に関連した課題であるが, 時期をほぼ同じくして提起されていた**消費者主義**の台頭は高度技術に支えられるようになった高度技術社会を起源とするものである. 日本の品質管理は, 1960 年代に全く異質といえる貿易自由化問題と消費者主義という 2 つの課題を同時に乗り越える宿命を負っていたといえる.

今世紀に入って現在に至るまで, 社会より安心安全を求める声が高くなっているが, 製品安全に限って論ずることにすれば, この課題は 1960 年代の時代にまで遡って取り上げなければならない. 当時は, 高度化した技術によって生み出されるようになった多くの製品や社会インフラを構成する複雑な大規模システムが, 利便化されたわれわれの社会生活を支えるようになっていたのである.

例えば, 当時の日本では“3C ブーム”という用語がもてはやされていたが, 3C とは car, color TV 及び cooler(エアコンの和製英語)の頭文字である. この時代になると, 買い手(消費者, 購入事業者)は単に品物を見ただけで原価に見合う代価を払って製品やシステムを購入するのではなく, 購入しようとする家電製品や購入設備・備品などの機能の効用や信頼性・安全性などを，技術に詳しい売り手(生産メーカ，生産納入業者)に問い質して，場合によっては信頼性(長持ちして，故障の少ないこと)などを保証(確約)する文書を受け取って，その上で代価を支払うようになった．いい換えれば，売り手は買い手に対して品質責任と説明責任を担うようになり，それまでの**買い手責任**“caveat emptor(買い手の危険持ち)”(「買った商品に欠陥があっても売り手は責任を負わないから，買い手よ，注意せよ―『新英和大辞典』による」という商業英語)の慣行の時代が，**売り手責任**“caveat venditor(売り手の危険持ち)”の時代へと移行したといえる．

上に述べたような時代の流れを早くも洞察していた当時のアメリカのケネディ大統領は，高度技術社会における弱者といえる消費者[5)]の後ろ盾となるべく，1962年の大統領教書の中で消費者擁護政策を主唱し，この中で次の4つの消費者に与える権利を明確にしたのである．

① 安全を求める権利(The right to safety)
② 知らされる権利(The right to be informed)
③ 選ぶ権利(The right to choose)
④ 意見を聞き遂げられる権利(The right to be heard)

一方，この政策の視点を生産者の側に立って観察すれば，それは生産者の品質重視へのインセンティブ(目的を達成するための刺激)を高めることを意図したものであるといってもよい([註1.8]，p.28)．

この政策を一つの契機として台頭した消費者主義の下に，アメリカでは1966年に，欠陥のある自動車を製造販売したメーカは，これと同型の車を自主的に市場より回収修理しなければならない，とする**リコール制度**が初めて実施された．続いて日本でも，1969年に省令(運輸省，今

5)　消費者は商品機能に必ずしも詳しくない．さらに製品の背景にある技術に長けているはずがないという意味で．

の国土交通省)によって初めてリコールが行われるようになった．さらに，**製造物責任法**(欠陥のある商品によって受けた消費者の損害を賠償するメーカの責任を定めた法律，PL法という)に基づく訴訟件数がアメリカで急増するようになったのは1970年代のことである．このような一連の動きはアメリカだけのものではなく，全世界へと拡散していったことはいうまでもない．

(6) SQCよりTQCへ，そして品質保証，信頼性へ

貿易自由化問題と消費者主義の台頭という大きな課題を抱えて，これを乗り越えてきた日本の品質管理は1960年代に大きな変革を遂げたといえる．すなわち，工程において良い品質を作り込むことを主体に，それまで常に品質の改善と向上を地道に続けて成果を挙げてきたSQCは，1960年代に入ると，国際市場を視野に入れて，市場の品質情報と顧客ニーズに目を注ぎ，目標品質を源流段階において明確に定め，これを企画，開発・設計から生産，営業，運用の各部門に亘る全部門の協業の下に作り上げるというTQCへと発展することになったのである．

上に述べたように，日本の品質管理(TQC)は**顧客満足**(**CS**ともいう，CSはcustomer satisfactionの頭文字)の向上を目指して市場ニーズを重視した品質保証の体系をTQCの基盤の上に構築してきたが(§1.1(3)，p.11)，1960年代の安全を訴求する高度技術社会の新たな動きに呼応して，この品質保証は改めて安全を護る砦として，製品の信頼性・安全性を保証する役割をも担うようになったといえる．因みに，1960年に品質管理の一層の普及を目指して設定された品質月間では，1960年代には品質保証や信頼性が資本自由化問題などとともに月間テーマに取り入れられるようになった([註1.9]，p.28)．

さらに，この品質保証の信頼性・安全性を保証するという役割は高度技術社会の現在に至るまでその重要性が益々大きくなっている．

（7）　日本の品質管理の今後の課題

ここで，1970年代と1980年代の日本経済の動向に目を転じてみよう．当時，ようやく黒字基調の貿易収支の態勢を確立したわが国においては，戦後より長い間，1ドルに対して300円台であった円の為替レートは，1970年代の中頃より日本経済の力を反映して200円台へと上昇し，さらに1980年代に入ると一方的にこの円高は進行するようになるのである．

さらに，21世紀の今後を展望するとき，わが国は円高問題の他にも少子化問題や産業のグローバル化などによる多くの課題をかかえていることがわかる．しかしながら，これまで常に経済と社会の問題と対座して発展してきた日本の品質管理においては，高い品質と高い信頼性を保証する“made in Japan”を目指して科学的経営管理を揺るぎないものにするというその理念には変わりがない．併せて，品質管理へのコストは戦略的な投資であるという安全文化の構築にも意を用いなければならない．

1.2　わが国における信頼性研究のはじまり

品質管理と信頼性管理は，両者の発達初期の年代が異なり，さらにそれぞれの研究と啓蒙活動を支えた組織も違っていたので，当初は，とくにアメリカでは「品質管理は“manufacturing”，信頼性管理は“engineering”の分野で取り扱う科学的管理技術である」と区別して考えられることが多かった．しかし，信頼性を含む広義の品質を対象にして考えれば，品質管理と信頼性管理（［註1.10］，p.29）の両者は，ともに「科学的管理に基づいた品質の向上活動を推進して，社会の発展と繁栄に貢献すること」というその目的理念に変わりはない．

本節では品質管理分野の視点に立って，これまでの日本における信頼性研究とその啓蒙活動の足跡を概説する.

（１）　日本の信頼性研究の黎明期

統計的手法を活用して品質の向上に大きな貢献を果たしてきた日本の品質管理(SQC)は，1960年頃に広く日本の産業界に啓蒙普及されていた(§1.1(2)，p.9)が，一方でこの頃，一部の品質管理研究者や経営管理者はSQCとは対照的なアプローチといえる“一件一件ごとに製品や部品に発生した故障や欠陥に対して，その発生原因を発生のメカニズムに従って追究・解明して品質と信頼性の向上を図る手法を特徴とする”科学的管理技術に大きな関心を持つようになっていた．実は，1958年にJUSE(§1.1(1)，p.8)に信頼性研究委員会(T委員会と略称[6])が発足し，日本で初めて信頼性に関する組織的な研究活動が開始されていたのである．これればかりではなく，この1年前の1957年には，これまで長年に亘って“故障を少なくする科学”の確立を目指して調査と研究を続けていたアメリカの研究グループ**AGREE**(Advisory Group on Reliability of Electronic Equipmentの略称；詳しくは§1.3(1)，p.22)が後に信頼性の研究と啓蒙に重要な役割を果たすことになる有名な「**AGREE報告**」を発表したのであった.

故障の発生とか，欠陥という品質の失敗によって生じた事故事象が一件発生したら，その度毎に，故障の発生メカニズムを科学的に究明して**根本原因**(root cause)を突き止めて，ただちに故障の**再発防止**策を講じ，延いては，この活動を継続して経験を積み重ね，これを重大な事故事象の**未然防止**に役立てる([註1.11]，p.29)ことを基本とする信頼性管理は，それまでの伝統的な品質管理とは相補的な面を特徴とするものといえる．当時の日本の品質管理は前節でも説明したように，間もなく各

6)　Tは高木昇委員長の頭文字.

産業が貿易自由化の進む中で国際進出を図り，その上に消費者主義という社会の要請に応えなければならない，という時代を迎えようとしていたのであった．このような経済と社会の動きを洞察した品質管理研究者が，品質保証とこの体系の一環を形成する信頼性の管理活動に注目するようになっていたことはいうまでもない．この当時の動向は[註 1.9](p.28)に掲げた月間テーマを見ても察知できよう．

（2） 品質保証の一環の役割を果たす信頼性

1960年代においては，わが国の品質管理はSQCよりTQCへと移行する大きな変革期を迎えていたといえる(§1.1(3)，p.11)．この時代に，品質管理(TQC)は，高度技術社会のニーズに応えて，製品の信頼性と安全性を保証する活動を1960年代の後半より次第に強化するようになり，TQCを基盤とする品質保証の体系を整備し，その重要な一環として信頼性管理の仕組みと信頼性工学の手法が品質管理の分野に次第に取り入れられるようになった．

しかし，ここで顧みると，信頼性が本格的に品質管理に導入されるまでには，日本の信頼性研究の黎明期より数年の歳月が経過するのを待つことになる．当時(1960年代の中頃)はまだ信頼性の研究やその活動成果は未熟なものであり，信頼性の活動分野も限定されていたといえる．そればかりではなく，この頃には，

① 信頼性を学ぶには難解な数理と統計理論を理解しなければならない([註 1.12]，p.30)

② わが社の製品は空を飛ぶ飛行機ではない，また，複雑なエレクトロニクスの製品ではないから，製品の信頼性を考える必要はない

という先入観によると思える声も少なくなかった．この一方で，前項(1)の末尾に付言したように，機械工業(自動車や建設機械など)や電子・電気工業(コンピュータや半導体部品など)の国際市場への進出を目指して

いた企業の経営トップや一部の品質管理専門家の中には，国際競争力のある“made in Japan”の品質を確実なものにするには信頼性という品質の向上が焦眉の急であることを指摘する人も少なくなかった．

信頼性が品質管理分野の多くの人に注目され，品質保証の一環として本格的に発展を遂げるようになったのは1970年代に入ってからのことである．この契機の一つは1968年に開催された第7回品質管理シンポジウム(QCS)であった([C-1])．このQCSでは，テーマ「品質保証と信頼性」の下に，これまであまり交流のなかった品質管理と信頼性の各分野の研究者と専門技術者が初めて一堂に会して，品質管理・品質保証と信頼性の今後の姿が率直に討議された．このQCSの主担当を務めた組織委員の石川馨の次の提言は，このQCSの趣旨を明確に示唆したものである．

「従来，日本で品質管理，品質保証と信頼性とは別物のように誤解している人があるが，これはぜひ一本化して進めなければならない問題である．信頼性というのは品質保証の重要な一部分であるし，品質保証は品質管理の基本的な目標であるからである」([C-1]のp.iii；原文のまま)

また，日本品質管理学会(JSQC)が発足した1971年の第1回年次大会の最初の特別講演は1958年よりT委員会(§1.2(1)，p.17)の委員長を務めていた高木昇による「信頼性保証」であった．この講演では具体的な例を引用して，信頼性を保証するには，部門間の協業により，信頼性の不具合事項を早期に摘出して是正することが重要であることを説明された．この頃，TQCを基盤とする品質保証の活動では，部門間協業という概念は各企業内に於ける全社的な協業態勢を重視する**機能別管理**(§3.3(1)，p.62)として，また不具合を早期摘出是正すべきことは，研究開発に当たって技術問題(ネック技術)を早期に予測して解消すべきとする**源流管理**(§3.2(2)，p.60)として醸成されていたので，この講演は品質管理と信頼性の重要な接点を示唆するものとして画期的な役割を果たすことになった．

一方，この頃海外では1969年のアメリカで，1961年にケネディ大統領が“人類を月に送る”と国民に約束していたアポロ計画が成功していた(§1.3(3)，p.23)．この快挙は，一つの困難なプロジェクトにおいて，トップの優れたリーダーシップの下に目標を定めて信頼性管理を確実に推進して，宇宙ロケットの100%に極めて近い信頼度を達成したという現実の姿を多くの人に教えることになったのである．そして，このとき，日本でも信頼性という言葉が茶の間の大きな話題となっていた．

1970年代以降には，信頼性は品質管理教育の中で定番の教科科目となり，また，品質管理と品質保証の便覧やガイドブックなどでも信頼性は欠くことのできない重要な項目を占めるようになった．また，1969年には世界で初めての品質管理の国際会議「ICQC[7] 1969-Tokyo」が東京で開催されたが，この中には“Quality / Reliability Assurance”のセッションが設けられて，日本からも品質保証活動による多くの信頼性向上の優れた事例が発表されるようになった．

1970年代以降，信頼性の向上を目指して，この管理活動は品質保証の中で信頼性を保証する重要な役割の一端を担うようになったのである．

1.3　海外における信頼性研究とその向上活動のはじまり

アメリカにおいては，20世紀の初め頃より次第に拡がりを見せるようになった大量生産方式に呼応してシューハートがSQCを提唱した1920年代の後半より，約20年遅れて信頼性の研究は本格化することになった．顧みると第二次世界大戦勃発の前後より高度技術の進歩は目ざ

---

7)　ICQCはInternational Conference on Quality Controlの略称．

ましいものであったが，この高度技術に支えられて生まれた複雑な大規模システムの種々の事故・故障によるリスクは，いずれも無視できないものとなってきたのである．このため，常に発展する新しい技術の裏に隠れて見えない事故・故障のハザード[8)]を早期に科学的に検出して是正措置を講じ，製品・システムの信頼性向上を目指す科学的管理技術が極めて重要な役割を果たすようになったといえる．

本章においてはこれまで，わが国の品質管理活動の視点に立って，信頼性の動きを説明してきたが，本節では，その背景にある海外における信頼性研究とその向上活動の様相を，次のいくつかの項目に整理して紹介することにする．

（1）　AGREE の活動

第二次世界大戦中に多くの電子部品(真空管など)によって構成されたレーダシステムを開発したアメリカでは，このシステムを軍事作戦に効果的に活用したが，同時に，このシステムには故障が多発し，この故障問題に手を焼いていたという．単純なモデルを想定して考えてもわかるように，部品の信頼度が99.9％であっても，100 個，または1,000 個の部品よりなるシステムの信頼度 R を直観的に計算すれば[9)]，これはそれぞれ，

$$R=(0.999)^{100} \fallingdotseq 0.905,\quad \text{または}\quad R=(0.999)^{1000} \fallingdotseq 0.372$$

となる．これからもわかるように，どんなに部品の信頼度を高くしても，多くの部品によって構成されているシステムの信頼性は意のままにはならないのである．通常，自動車や大型コンピュータなどは数万点の

---

8)　ハザード(hazard)とは「危害の潜在的な源」をいう(JIS Z 8115：2000 による)．危険をもたらす原因など．さらに §4.3 の脚注 13)，p.97 参照．

9)　ここで，正確にいえば，各部品の故障発生は確率的に互いに独立であると仮定している．

部品によって構成されているという．大規模システムの信頼度を保証することが，いかに難事であることか理解できよう．

このため，戦後のアメリカでは真空管や電子機器などの信頼性向上を目的とするいくつかの研究グループが発足していたが，中でも1952年にアメリカ国防総省に設置されたAGREEが有名である．このAGREEは，信頼性を示す最小許容尺度を見出すこと，設計がこの尺度を満たすことを保証するに足りる試験の基本的要求事項，及び，信頼性を保証する仕様や手順の調査，という基本的な課題テーマを含む9つのテーマを設定して研究を行った．その結果が1957年に「**AGREE報告**」として発表され，この報告書が後に信頼性向上活動のバイブルといわれるようになるなど，重要な役割[10)]を果たすことになったのである．

（2）　コメットの墜落事故と構造信頼性

アメリカでAGREEが信頼性研究の基礎作りに力を入れ始めた頃，イギリスでは，デハビランド社が開発し1952年に就航したイギリスが誇る世界初のジェット旅客機コメットが，1953年から1954年にかけての短い期間に3回続けて空中分解による墜落事故を起こし，全世界に衝撃を与えることになった．この事故は複雑な巨大システムの事故の恐ろしさを初めて人類に教えることにもなったのである．

このときのイギリス宰相チャーチル(Sir Winston Churchill)は「イングランド銀行の金庫がカラになってもいい．事故原因の調査を徹底的に行なえ」と命じたというが，今でもこの言葉[11)]は有名である．ただちに，国の総力を挙げて海中を捜索して機体の残骸を引き上げることに成

---

10)　例えば，この「AGREE報告」に基づいて後に次々と信頼性に関わるMILスペックが制定された．当然のことながら，このスペックは民需製品にも援用されることになり，わが国の電子部品を生産する各企業は信頼性に重要な関心を持つようになった．

功した．そして墜落の原因を徹底的に究明したことはいうまでもない．原因は，巡航高度１万メートルのコメット機の胴体の一部に飛行毎にかかる繰り返し荷重(集中応力ストレス)によって発生する疲労破壊によるものと判明したという(上山[7]，pp.188-191に詳しい)．

この後に，実物大供試機体による静荷重試験に加えて，別の供試機体による繰り返し荷重試験が規定されるなど，「**構造信頼性**」の研究が急速に進むことになった(この研究の全体像は上山[7]に詳しい)．そして，間もなく，ジェット旅客機による大量輸送時代の幕開けを迎えることになるのである．因みに，ここで構造信頼性の研究対象となる構造体は航空機機材だけではなく，広く建造物や，電車や自動車の車体，船体及び宇宙飛行体なども含むといえる(上山[7]，p.2)ことを，とくに注記しておく．

（３） アポロ計画

信頼性の発展の中で，「AGREE報告」(1957年)がその活動のキックオフであるとすれば，1969年の月世界への人類を送り込み，その上，宇宙飛行士が無事帰還したアポロ計画の完全なる成功は，その一つのハイライトといってよい．

世界を二分した米ソの冷戦のさなか，1957年にソ連は人工衛星スプートニク１号の打上げに成功した．そして，この人工衛星の打上げにより，アメリカがソ連に一歩先を越されたことが大きく報道されると，アメリカとソ連の宇宙開発技術の格差が話題となった．このことは，自由主義国家群の盟主を自認するアメリカにとっては，耐え難い威信の失墜

---

11) この言葉は，井上赳夫(1985)：『航空大事故の予測』，p.235，大陸書房による．また，同書(pp.234-236)はコメット機の事故の故障解析にも言及している．このとき，コメットの機体を出し入れすることのできる巨大な水槽を作り，これによって**再現実験**(§5.3(2)，p.117)を行ったという．

と映ったのは当然のことである．

1958年に**米航空宇宙局**(**NASA**：National Aeronautics and Space Administration)を設立したアメリカは，1962年にケネディ大統領の大号令の下，月の世界へ人類を送りとどけることを目的とするアポロ計画を発足させることになった．この計画を推進するために，アメリカは莫大な国家予算を投入し，信頼性保証にはNASA独自ともいえる，

① 任務(ミッション)要求を明確にして，最適の信頼性管理を行う

② 経済効果を考慮した信頼性保証を推進する

③ 新しい信頼性の技術手法を十分に活用する

を要点とするアプローチが実施されたという(牧野・野中[19]，p.3による)．そして，このアポロ計画において信頼性管理を推進するには，それまでに開発され役立てられていたデザインレビュー(DR)や，FMEA，FTAなどの信頼性手法[12)]が数多く活用されたという．

この計画は着々と進行して，遂に1969年にはアポロ11号が月面に着陸し，ここに降り立った宇宙飛行士の姿がテレビ画面によって全世界に放映されることになった．このことによって，100％に近い信頼度[13)]の目標を掲げて着実に信頼性管理を推進してきた人智による努力の成果が，テレビの実況中継により多くの人に目の当たりに展開されたのである．

［註1.1］　QCRGの活動の背景

1949年に，産官学三位一体の下に発足したQCRGにおいては，統計学を学び，これをSQCを中心とする品質管理活動に役立てる面において，学界より参画した大学の研究者の役割が大きかった．この頃，ほぼ“無”に近い状態から日本の品質管理の研究は始まっていたのである(例えば，真壁[C-7]，

---

12)　これらの手法については第5章で説明する．

13)　信頼度は99.99％(つまり，フォー・ナイン)であった．

pp.5-7)が，アメリカでは品質管理学会(ASQC)がすでに発足していた．そして，品質管理SQCの研究とその啓蒙の活発な活動が展開されていたのである(§1.1(1)，p.9)．

この日本の品質管理の歴史の黎明期の事情を木暮正夫は，「アメリカのQC技術の移植において，英文文献の入手や解読，統計的技法の習得や教授に，理工系大学教育関係者が中心となるのは自然の成り行きであった」(木暮[9]，p.436)と説明している[14)]．

［註1.2］ ASQの誕生の前後と現状

(a) 1940年代のアメリカにおいては，SQCの発展の基礎となる統計学の研究には目覚ましいものがあった．例えばワルド(A. Wald)の逐次抜取検査や逐次検定の基礎となる逐次解析理論は，当時，その有益性がとくに高く評価されていた．また，ASQ以外の学会では，シューハートはASA(American Statistical Association)の第41代(1945)の会長を，シューハートとデミング(W. Edward Deming)はそれぞれIMS(Institute of Mathematical Statistics)の第9代(1944)と第10代(1945)の会長を歴任していたことを追記しておく．なお，ASAとIMSは統計学研究の世界最大級の学会である．

(b) 設立以来，70年以上の歴史を誇るASQの会員数は現在約8万人(最盛期は13万人)である．因みに，日本品質管理学会(JSQC)の会員数は，制度の違いもあるが現在約2,000人である．

［註1.3］ デミング賞委員会とその役割

デミング賞委員会は，日本の統計的品質管理(SQC)の今後の推進と発展に寄与することを目的に，産官学の有識者の熱意によって1951年に創設され

---

14) 戦前，戦中の理工系の大学・高専の教科課程には統計学は入っていなかった．このため，SQCを学ぶ当時の技術者は，このとき初めて統計学を学習することになった．

た．デミング賞の名は，1950年と1951年の2回に亘って日本を訪れ，統計的品質管理の講義を通じて爾後の日本の品質管理の発展に大きな貢献を果たしたデミング博士の名前を冠したものである．そしてデミング賞委員会は，当時の経団連初代会長 石川一郎を中心とする産業界とQCRGを中心とする学界及び官界の人々の協力によって設立されたもので，歴代の委員長は経団連の会長が兼務している．

品質管理においては，その体系と理論の研究は対象が品質経営を中心とする経営管理と生産管理技術の中核にあるという特性を有している．このため，品質管理の研究成果は経営管理と生産管理の現地現場における業績を検証して初めて明示できるものが少なくない．この意味で品質管理の研究と啓蒙普及には産業界の経営管理者と学界の研究者の連携が必須となるが，この面においてデミング賞委員会の存在と役割は極めて大きく，デミング賞が国際的にも高く評価されている所以でもある．

［註1.4］　戦後の日本の産業（自動車工業）の一側面

例えば，天谷(1975, p.76)[1]によれば，昭和26年代には自動車（乗用車）には従価40%の保護関税が設定されており，その上で国産車無用論が唱えられていたことがあったという．しかし，これを克服して自動車の国産化政策が推進されたということは幸いであった．

［註1.5］　TQCの誕生の頃

水野滋は，それまでのデミング賞受賞会社の関係資料を調査して，1950年代の“全社的QC”が公的な文書の上で初めてTQCと呼ばれるようになったのは1961年から1963年にかけてのことであると述べている（水野[C-3]）．1960年代の初期には，TQCは“全社的QC”と呼ばれることが多かったが，日本や海外でもこの全社的QCがTQCとして広く知られるようになったのは，1960年代の中頃以降と考えてよい．1969年の国際品質管理大会（ICQC 1969-Tokyo）において，ジュラン（J. M. Juran）は日本のTQCを高く評価し，これをCWQCと呼んでいた．これは，1961年にフィーゲンバウム（A. V. Feigenbaum）が“Total Quality Control”という本を著していたので，このTQCと日本型TQCを区別するためであった（水野［C-3］，p.143）．

［註1.6］ 品質管理の教育

(a) 優れた品質管理活動は人の力によるものである．石川語録として「QCは教育に始って，教育に終る」（石川［2］，p.53）はよく知られている．

とくに初期（黎明期）の品質管理教育（SQC時代）の特長といえる教科科目は「PDCAの管理のサイクル」と「統計的手法」であった．そして，品質や業務の質の向上を推進するマネジメントの意味をわかりやすく明確にするために，「管理のサイクル」がよく引用されるようになった（§2.2，pp.24-39）．また，統計的手法と統計学は，1950年代以前の日本の理工系大学・高専の教育ではほとんど取り上げられていなかったが，近年は日本の高等教育において統計教育が大きく取り入れられるようになった．

(b) 近年の初等中等教育においては，問題解決力育成の動きが活発となり小・中学校の「学習指導要領」では算数科・数学科それぞれ全四領域の一領域に“データの活用”の柱が，そして高等学校には，数学科に“データの分析”と“統計的な推測”，情報科に“情報とデータサイエンス”が設けられ，小中高一貫の統計的問題解決教育が盛り込まれるようになった（詳しくは，文科省：「小・中学校学習指導要領2017」及び「高等学校学習指導要領2018」，日本品質管理学会・TQE特別委員会（2015）：「特集 初等中等教育における問題解決にむけて」，『品質』，Vol.45，No.4，pp.4-36参照）．

［註1.7］ QCサークル活動

QCサークル活動の基本理念を石川［2］は，

「• 人間の能力を発揮し，無限の可能性を引き出す

• 人間性を尊重して，生きがいのある明るい職場を作る
• 企業の体質改善・発展に寄与する」

としている．ここで人間性の尊重とは，人に言われてから行うのではなく，自主性・自分の意思を持って自発的に行動し，頭を使って自分自身でよく考えることを意味する．

［註 1.8］　消費者主義と品質保証

消費者主義の台頭の初期には，この考え方は一方的なメーカに対する“しわよせ”，つまり“メーカいじめ”ではないかとする声も一部にはあった．しかし，間もなく高度化した技術の下，複雑化したシステム製品を保証する仕組み作りを実行して，その上でメーカ(事業体)が市場において，製品・サービスの品質の優劣によって競合する態勢が実現するようになった．なお，消費者主義(consumerism)は，消費者運動(consumer movement)とは異なる概念のものとされている．

［註 1.9］　品質月間

品質管理の全国的な啓蒙普及行事が計画実施される「品質月間」(毎年11月)は1960年に設定された．この月間テーマの一部を次に示す．

①　第2回(1961)：「品質保証」
②　第6回(1965)：「信頼性を高めよう」
③　第8回(1967)：「世界に伸びよう品質で」
④　第9回(1968)：「眼は世界，足元固めよQCで」，「良い品質で，かしこい暮らし」，「資本自由化には品質管理で」，「利益確保は品質管理で」
⑤　第10回(1969)：「良い品質で世界の繁栄」，「良い品質で豊かな暮らし」，「貿易の自由化，資本の自由化には品質管理で」

これらのテーマによって，1960年代に，そのときの社会の要請に対座して発展してきた日本の品質管理活動の様相を伺い知ることができる．

アメリカでは1984年に，日本と同じように，毎年10月を「品質月間」

(National Quality Month)と定めた．この月には，「マルコム・ボルドリッヂ国家品質賞」の授賞式が行われる．受賞会社には，アメリカ大統領自らの手によって賞が授与されることになっている．この賞は，デミング賞と異なる所も少なくないが，日本のデミング賞をも参考にして研究して制定されたものといわれる．マルコム・ボルドリッヂ(Malcolm Baldrige)は，この賞の制定に尽力した当時の米商務長官(日本の通産大臣，現経済産業大臣にあたる)である．

［註 1.10］ 信頼性と信頼性管理，信頼性工学

信頼性は，本来，「故障が少なく，長持ちする」という品質を表す用語であるが，長年の慣習として，信頼性は一般に信頼性管理(§4.1，p.76)や信頼性工学(§5.1(1)，p.111)などを含んだ用語として広い意味に用いられることが多い．例えば「私は『信頼性ハンドブック』を読んで，信頼性を勉強しています」にある信頼性は，明らかに広い意味の信頼性を意味している．日本の学会も，その名は「日本信頼性学会」(REAJ：Reliability Engineering Association of Japan)である．

本書では信頼性管理を「信頼性目標を定め，これを実現するために，企画，開発設計，生産，営業，保全の各段階の各部門の協力の下に推進実施される活動」ととらえ(さらに，第4章冒頭，p.76)，必要に応じて広い意味の信頼性との用語の意味を使い分けておくことにした．

［註 1.11］ 再発防止と未然防止

「不具合・クレームや故障ありき」で再発防止は始まる．再発防止のステップは，

① 不具合や故障の現象をよく調べる

② 原因を科学的に追究する．故障の場合は故障解析によって故障のメカニズムを明確にする．この場合，**再現実験**(p.117を見よ)によって原因とそのメカニズムを確認することも大切である

③ 原因に対して発生しないよう対策を講ずる，そして対策の効果を確認する

④ 場合によっては，原因の原因(原因を発生させた仕組み)までを追究して歯止め(対策の実施とその効果の確認)を行う

である(具体例は §2.2[例2]，p.36).

また，未然防止は望ましくない事案(致命的な不具合や事故)を予測してその原因系に改善対策の手を事前に打つことをいう．新規の機能・性能の実現や，コスト低減のための設計変更など常に新たなものへと挑戦するとき，再発防止だけではいわゆる“もぐらたたき”に終始することになる．とくに，高度技術の進んだ現在は，絶対に避けなければならない重大事故・故障を計画段階において十分に絞り込み，これらの未然防止を講ずる方策が求められている(詳しくは §4.1(3)，p.77).

また，地道な再発防止のための日常の努力が，すぐれた未然防止の基本となることはいうまでもない.

[註1.12] 信頼性の理論と実際(theory and practice of reliability)

信頼性を学ぶには，その理論と実施面という2つの側面がある．信頼性の理論を学ぶときは，寿命分布に当てはまるワイブル分布(§5.5，p.125)の性質を知る必要があり，また航空機やコンピュータなどのシステムの故障率$\lambda(t)$(§4.2(1)の2)，p.82)を論ずるには，確率過程を学ぶ必要がある．信頼性はその実施面(practice)から入って学ぶ方が多くの人には効果的である.

第2章

品質管理と品質保証

市場(マーケット)の要求(ニーズ)に適合した“良い品質(または質)”の製品やシステム，あるいはサービスを，企業の経営活動または公企業組織の運営を通じて経済的かつ合理的に作り上げて，これを社会に供給することにより，社会の繁栄と国家経済の伸張に貢献することを目指す“品質管理”の目的と役割は極めて重要である．

良い経営管理基盤に立って品質管理の目的を十分達成するためには，市場のニーズ(潜在ニーズを含む)と市場品質情報を適確に収集・分析して品質目標を定め，経営方針に従い，開発・設計・生産・営業・アフターサービスの各段階において確実に品質を作り込み，目標とする品質を達成しなければならない．そして，このような活動を効果的に推進するには，経営トップのリーダーシップの下に全部門が協力して，管理と経営(マネジメント)の意味及び統計的手法などの QC 手法をよく理解して科学的な管理を実現する体制を確立することが肝要である．

本章では，まず品質管理の意味と簡単な統計的手法を説明し，その上で，品質経営ともいえる品質管理を推進するのに大切な方針管理の具体的な進め方と簡単な QC 手法を解説する．

最後の節では，品質管理と品質保証の関係に言及して，第3章で詳説する品質保証への準備とする．

2.1　品質管理，その意義と意味

いかに優れた固有技術を保持していても，これを十分に活かすことのできる経営（マネジメント）の管理技術を駆使しなければ，良い品質（Q：quality の頭文字）と適正なコスト（C：cost の頭文字）が備わった製品やシステムを，良いタイミング・納期（D：delivery の頭文字）で顧客や社会へ送り出すことはできない．事実，固有技術を十分に活かして作った製品でも，その製品の機能やコストが市場のニーズと乖離していれば，これは“プロダクト・アウト”の所産とか“過剰品質”という誹りを免れない．

技術の進歩が早く，社会経済の動きの大きい現在のグローバル化された高度技術社会においては，常に全世界の市場ニーズの動きと品質情報に目を注ぎ，品質改善の力を磨き，突発的に発生する品質トラブルや事故・故障に対し即応する態勢を整えるなど，品質管理の能力を向上することが大切である．

QCD のバランスの取れた良い品質の製品やシステムを効率的に創出して社会の繁栄に貢献するという品質管理の理念を実現するためには，各企業・組織体の経営トップが率先垂範する態勢の下で品質の方針と目標を定め，全組織部門の協業によって PDCA の管理のサイクルを回しながら（§2.2，p.34），継続して品質の向上を図るという品質管理を推進する態勢が基本となる．

ここで，**品質管理**（quality management，品質マネジメントともいう）の意味を，JSQC[1]選書 7『品質管理用語 85』（日本品質管理学会標準委員会編［C-10］，p.16）によって，次のように定めることにする．

「顧客・社会のニーズを満たす，製品・サービスの品質／質を効果的かつ効率的に達成する科学的管理の体系とこれに基づく[2]活動」

ここで，上の説明用語の中に“品質／質”とあるのは，製品の場合には「品質」というが，サービスに対しては「質」を用いることが慣用的であることによる．

また，上の説明用語は，品質管理の要点を極めて簡潔に述べているが，これをより具体的に理解するには，伝統的な日本のTQCを詳しく述べた次の意味説明が役立つ．

「市場の買手(顧客…customer，消費者…consumer)の要求に合った品質の製品又はサービスを経済的に作るための管理技術手段の体系．

この品質管理を効果的に実施するには，市場調査，研究開発，商品企画，設計，生産準備，購買・外注，製造・検査，販売・運用の全段階と，さらに財務，経理，人事・教育などの全部門に亘り，経営者，管理者，監督者，作業者などの全員の参加と協力が必要となる．このようにして実施される品質管理を総合的品質管理(Total Quality Management：TQMと略称，1996年以前はTQC)という」

これは長い間，品質管理用語の規格となっていたJIS Z 8101：1981によって定められていた文書に修正・加筆したものである([17]，p.34による)．また，品質管理の“管理”は日本では，元々広義のマネジメントを意味するものと解されていた(詳しくは§2.2，p.34)が，品質保証の国際規格ISO 9000シリーズが1990年代に本格的にわが国に取り入れられるようになってからは，総合的品質管理は総合的品質経営とも呼ばれるようになったのである．

---

1)　JSQCはJapanese Society for Quality Controlの頭文字．JSQCは日本品質管理学会の略称([註1.2]，p.25)．
2)　「科学的管理の体系とこれに基づく」は筆者らが追記．

2.2　管理の意味―PDCA の管理のサイクル―

品質管理の**管理**(control)の意味を，“control”の本来の意味である統制，制御，取締りなどの狭義に解されることによって，現在の品質管理の意義が誤解されることが少なくないようである．1920 年代にシューハートが SQC を提唱した時代には，品質管理は製品の品質を工程の中で規格に合致するように作り込むことを主な目的としていたため品質管理の管理を“control”の意に解して通用したのであるが，品質マネジメントとも呼ばれる(§2.1, p.32)現在の品質管理を論ずるには，管理の意味を“management”の概念をも含めて，広義に理解しておかなければならない．因みに，アメリカ品質管理学会は当初は，American Society for Quality Control(ASQC)であったが，現在の名称は American Society for Quality(ASQ)となっている(§1.1(1)，p.9 及び[註 1.2]，p.25)．

このため，本節では「**PDCA の管理のサイクルを回す**」ことを中心において，管理の意味を詳しく解説する(さらに詳しくは近藤[10]の§3.1 参照)．PDCA の管理のサイクルは**図 2.1** に示すように，計画：P

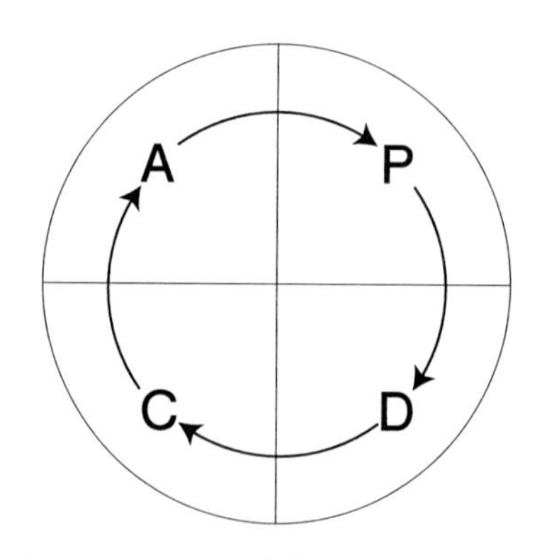

図 2.1　PDCA の管理のサイクル

(plan)，実施：D(do)，チェック：C(check)，及び対策：A(act)の4つの段階によって構成される．

これをわかりやすく説明するために，日常生活の中から「A市へ出張する」という業務を具体例として取り上げる．このときのP，D，C，A，続いてP，…は次のようになる．

① 計画を立てる．ここで，出張の目的と日程をこれまでの経験と知見を十分に反映して定め，これに伴う業務日程と重要実施事項と必要とする経費を決める．　—P

② 計画(業務日程と重要実施事項)に従い実際の業務活動を遂行する．　—D

③ 出張を終えた後に，計画時に策定した目的の達成度，及び出張の成果や経費の計画値と実績値の差異を分析検討し，良い点と悪い点を明らかにして反省事項をまとめて，その上でそれぞれの原因(良い原因と悪い原因)を摘出する．　—C

④ 良い原因は維持，伸長するように，悪い原因は消滅する方策を考えて，これを次の出張計画に取り入れる．　—A，続いてP，…

このようにPDCAの管理のサイクルを回して継続的に日常生活や業務の内容を向上していくのであるが，通常は，このような改善の活動は生活学習から得られた個人の知識や経験(暗黙知が多い)によって実行されているものである．しかし，企業や事業体がその組織と人の英知(深い学識と経験)を活かして，多元的な大きな業務やプロジェクトを遂行するには，管理のサイクルとその内容を明確にし，暗黙知を形式知にした上で全員協力の下に組織が一丸となり効果的に業務を推進しなければならない．

ここでは，管理の深い意味を知るために2つの例を挙げ，さらに§2.4においては題材に方針管理を取り上げてPDCAの管理のサイクルを説明することにする．

［例１］…作業改善について（この例は[17]による）

ある工場の塗装工程において５人の作業者A, B, …, Eが，これまで改善を重ねて来た作業標準に従って塗装作業を行っているが，“ナガレ”不良（付着塗料の多い部分に“ナガレ”が発生する）が慢性的に多発しているという．この慢性不良対策を次のように行った．

①　計画（P）：

目的を明確にし，これを達成するための作業標準を用意し，良い仕事ができるための作業の手順と計画を確認する．

②　実施（D）：

作業標準の重要性を説明し，これにそって作業をなしうるよう教育・訓練を行う．そして，作業標準に従って作業を実施し，データを収集する．

③　チェック（C）：

ナガレ不良の分析をする．日別，作業者別に不良数を層別してパレート図（図2.6，p.45）を作成して解析したところ，作業者によって不良の出方が異なることが判明した．一方，ここでの５人の作業者は全員同じ訓練を受けて作業標準通りに作業を行っているのである．

このため，不良の多い作業者Aと少ない作業者Eを対比して観察することにし，VTRによる作業の動作研究を行ったところ，作業標準には明示していないスプレーガンを握った手首の動かし方に良い場合（作業者E）と悪い場合（作業者A）があることが判明した．

④　対策（A）と次の計画（P）：

作業標準を改定し，これによって作業者を再訓練して効果のあることを確認し（これを改善の歯止めという），次の作業の計画に反映した．

［例2］…故障の再発防止

上の［例1］では，典型的な慢性不良を改善するという事例をPDCA

の管理のサイクルを使って説明したが，ここでは対照的に，突発的に発生した不具合事象(突発不良，突発事故・故障など)に対して，これを再発防止というケースを例に取り上げげることにする．

今，定められた計画によって稼働運転中の機械設備(以下，これをシステム a，単に a と書く)が突発故障により停止したという．このとき，ただちにシステム a に対して応急の原状復帰の処置が実施されることはいうまでもない．しかし，これだけでは，この不具合事象は再発防止されたとはいえない[3)]．次の段階で再発防止を目指して組織的な改善活動が展開されることになる．この活動は次の PDCA の C(チェック)の段階から説明するとわかりやすい．

③　チェック(C)

システム a に発生した故障と同じ事象が今後とも再発しないようにするには，この故障事象に起因する根本(ネモト)ともいえる原因を究明することになる[4)]が，これは信頼性工学でいう故障のメカニズム(詳しくは §5.3，p.116)を示す流れ図(フロー・チャート)(**図 2.2**)を用いると次のように説明される．

a の突発故障の直接原因は a を構成するサブシステム b の故障であり，b の故障は部品 c(ボルト)の折損に起因している．

ここで，原因究明を部品 c の折損したことまでで終えて当該システムの部品 c を新品と取り替えれば，a は原状復帰し，つまり機械は稼働再開できることになる．このとき，故障が重大アクシデントに至らないことを確認し，その上でこの応急対策(以下，これを A_1 と書く)を速やかに講ずることは極めて重要である．しかし，この対策 A_1 は故障の再発防止策ではない．市場で稼働中の他の多くのシステム a の部品 c が折損

3)　ここで，応急対策は対症療法であり，再発防止とはいえない([註 1.11]，p.29)．
4)　このネモトを確実に抑えることが再発防止の基本である．単に「再発防止に努めます」というだけでは事態は動かない．

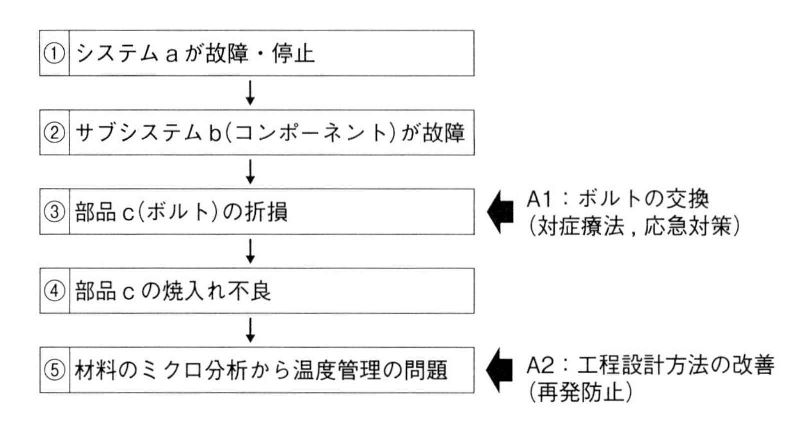

図 2.2　故障のメカニズムを示すフロー・チャート

しないことを A_1 だけでは保証できないからである．このような A_1 を一般用語で**対症療法**という．

このため，現物(折損部品 c)について，工学的には断面を材料工学的に観察・調査[5]して，その原因を突き止めることになる．図 2.2 はこの原因を⑤欄に記している．

④　対策(A)

対策としては，温度管理の改善を進め[6]，その成果を確認して新しい工程で製造した新部品 c_1 を市場の各システム a のすべての旧部品 c と取り替えることにした．これで当該事象への応急対策の横展開(これを A_2 と書く)は完了する(A_2 は恒久対策と呼ばれてよい)．そして，ここで次の計画(P)に戻る．

①　計画(P)

上の対策による恒久対策の歯止めとして，従来の技術標準，作業標準

---

5)　このような原因をミクロな分野にまで立入って追究する解析手法を，信頼性工学では「故障物理による故障解析」という(§5.3，p.116)

6)　詳しくいえば，焼入れ不良の原因となる温度管理の問題点を追究するために，ここで[例 1]で説明した作業改善または設備改善のための PDCA の管理のサイクルを回すことになる(近藤[10]，§3.1)．

などの標準類を見直し，さらに改訂標準によって作業者の訓練・教育を行わなければならない．

この場合，部品 c を全部取り替えるという恒久対策に満足せずに,「なぜ，部品 c の折損という工程管理上の不具合が発生したか？」という工程設計方法とその管理への問いかけによって広く品質管理運営上の組織としての問題点を提起し，新しい PDCA の管理のサイクルを回し，仕組みへの再発防止を図ることが重要である．

2.3　品質管理(SQC)と統計学

1920 年代後半に，シューハートによって提唱された SQC は，その名の通り統計学的手法を十分に活用して品質の向上と維持の管理活動を推進することであった．しかし，統計学そのものは，社会や経済の問題点を科学的に分析することや医学の分野などにも活用されるなど，極めて広い分野に役立てられている．

本節では，統計学の生い立ちの一端を紹介し，その上で，統計学を品質管理の広い分野の人々にも応用し，利用されることを目的に考案された QC 七つ道具を簡単に説明する．

(1)　社会・経済の動態分析，そして品質管理と統計学

この社会では，各国，例えば日本は約 1 億人の国民によって構成されている．そして，例えば政府が適切な医療施策を講ずるにあたって調査をすれば，国民各個人には，それぞれ，年齢，年収，年間医療経費，…など多元的なデータが対応している．このため，目的に従ってこれらの膨大なデータを統計学を活用して科学的に分析して最適案を究明することが為政者には求められることになる．

中世のイギリスにおいては，社会問題の解決を目指してこのような統

計的分析を研究するイギリス政治算術学派と呼ばれる研究グループが誕生して活躍していたという．この活動は，後にいくつかの曲折を繰り返して次第に発展を遂げ，ついに19世紀の後半から20世紀の始めには，数理統計学として体系化され，これが生物統計学として生体の大量観察データの解析にも役立てられるようになった[7]．

やがて1920年代に入って，シューハートは大量生産方式を整えるようになったアメリカの生産企業に対して，数理統計学を活用した新しい科学的管理の方式としてSQCを提唱したのである．ここで，シューハートの考え方は，市場や顧客に提供される製品の品質の“ばらつき”を小さく維持し，品質を向上するには，生産の過程(プロセス)にある各工程より抽出されたデータを管理図上にプロットして各工程を管理することが基本である，という理念のものである(詳しくは，シューハート，W. A. 著，坂元平八監訳(1960)：『品質管理の基礎概念』，岩波書店)．

（2） QC七つ道具と管理図

現場においてSQCを活用して効果的に目的を達成するには誰にでもわかりやすいQC七つ道具と呼ばれる基本的手法から，数理的理論によって裏付けられた実験計画法，多変量解析や信頼性で重要なワイブル解析など学究的に研究される分野のものまでがある．

「**QC七つ道具**」は，**表2.1**に示す7つの基本な手法によって構成されている．そして，品質管理の現場の基本問題だけではなく，われわれの日常生活に関する多くの課題の解析は，この範囲の手法でカバーしう

7)　イギリスの伝統的で著名な数理統計学の専門誌の名は*Biometrika*である．数理統計学のとくに実験計画法の創始者として知られているフィッシャー(R. A. Fisher)はイギリスの農業試験場の技師であった．統計学を学ぶときすぐに習う“Studentのt分布”のStudentはイギリスのビール会社の生物統計学者ゴセット(W. S. Gosset)のペンネームである．

表 2.1　QC 七つ道具

手　法	説明の節・項
チェックシート・データシート	§ 2.2(3)
パレート図	§ 2.2(3)
ヒストグラム	§ 4.2(1)
特性要因図	—
散布図	—
層別	§ 2.2(3)
管理図・グラフ	§ 2.2(1)

ることがわかっている．

本節においては，本書の目的に準拠して，この項で管理図を，そして次の(3)項において，チェックシートやパレート図，層別などの手法を簡単に説明することに留める[8]．

管理図(control chart)とは，簡単にいえば**図 2.3** のように中心線 CL (Center Line の略)とその上下に，それぞれ上部，下部管理限界線；UCL，LCL(それぞれ，Upper Control Limit, Lower Control Limit の略)

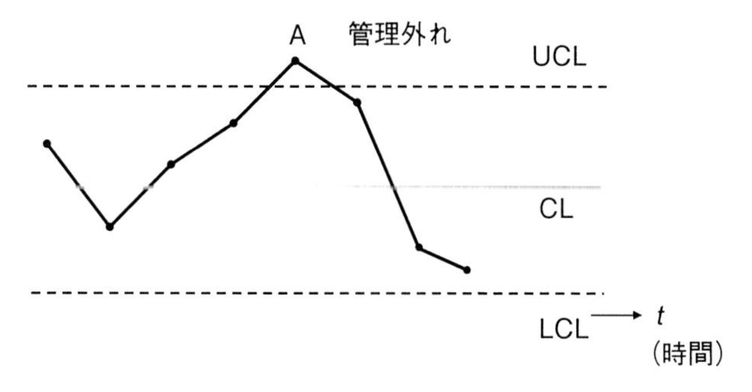

図 2.3　簡単な管理図

8)　詳しくは石川［3］第 2 章，第 3 章を参照．

を配したグラフで，このグラフに定時的に計測された時系列データがプロットされたものである．

ここに，UCLを超えた点Aが存在しているが，これは管理外れの点といってこの時点においては，工程に何らかの是正をしなければならない異常があることを示している（［註2.1］(p.52)にこの根拠を述べている）．

われわれの日常生活においても，例えば毎日定時に体温や血圧値を測れば，この時系列データをプロットして管理図を作成して，これを健康管理に役立てられることはいうまでもない．

（3）　層別という手法

有権者が70万人の甲市において，各政党A，B，Cの支持率を調査したところ，A；49％，B；31％，C；5％，その他15％であったという．しかし，これだけでは余りにも大雑把な情報であるので，さらに年齢別に**層別**したデータを収集・分析したところ，A党の支持率は70代(71～80歳)と20歳代の支持率にはそれぞれ65％と36％と大きな差があることが判明したという．ここで，これを年収別などに層別して調査すれば，さらに詳しい市民の選挙に対する情報が得られるに違いない．このようにデータを目的に則して収集・分析する層別という簡単な手法でも，対象とする分野の実情は精緻なものとなる．

このような事実は統計的手法の威力を示すものであるが，反面，この手法を活用するには，現場の現物によって現実を見るという**三現主義**の理念を忘れてはならない．ここで，“こうのとり”の話を紹介しておこう．昔，イギリスのある村で，こうのとりが大量に飛来した年に，たまたま赤ちゃんの出生が多かったので，村人はこうのとりのお蔭でたくさんの赤ちゃんを授かったと喜んだという．しかし，その年の前後には兵役を終えた多くの若者が村に帰ってきた年だったのである．この話は，作り話と思われるが，こうのとりの数と出生した赤ちゃんの数の擬相関の話としてだけでなく，また，見かけだけの観察や数字だけに頼る判断を戒める話として語り継がれている．

(4)　層別とパレート解析

すでに，§2.2の[例1](p.36)において，PDCAの管理に従って，ナガレ不良について層別してパレート図を作成し，さらに作業者AとEについて動作分析を実施した．そして，不良発生の原因を究明して作業改善を進めたことを説明したが，本項では，この分析を数値例を用いて

作業者	Mon.		Tue.		Wed.		Thu.		Fri.		小計	合計
	AM	PM	AM	PM	AM	PM	AM	PM	AM	PM		
A	○○○ ×× ●	○○○ ××× ●	○○○○○ ××	○○○ ××	○○ ×× ●	○○○○○	○○○○○ ××	○○○ × ●●	○○○ ×× ●	○○○○○ × ●	○：37 ×：17 ●：7	○：113 ×：39 Δ：7 ●：20 □：3
B	○○○ × ●	○ ×	○○○	○ ××	○○○○	○○	○○○○ × ●●	○ ××	○○○○ ××× ●	○○○ ×××	○：26 ×：13 ●：4	
C	○○ ×	○ ×	○○○	○○ ●	○○ Δ	○○ □	○○	○ ●	○○○○○	○○ ×	○：22 ×：3 Δ：1 ●：2 □：1	
D	○○ ×	○ ×	○○ Δ	○○○ ●	○○ ΔΔ □	○○○ ●●	○○ ●	○○ Δ	○○○ Δ ●	○○○ ×	○：23 ×：3 Δ：5 ●：5 □：1	
E	×	×		●	○ Δ	□	○	●	○○	○ ×	○：5 ×：3 Δ：1 ●：2 □：1	

○：ナガレ(たれ)　×：ぶつ(異物)　Δ：つやびけ(光沢むら)
●：膜厚むら　□：その他

図2.4　塗装不良チェックシートと観測データ

その手順を詳しく説明することにする.

① 一週間に亘って作業を観測するためのデータシートを作成する(**図 2.4**). この欄にナガレ不良などの度数を不良の種類別, 作業者別, 日別に記入する.

② ここで観測された182件の不良を種類別に不良の数をまとめた表が**表 2.2** である. また, これを**パレート図**(Pareto diagram)[9]にしたものが**図 2.5** である.

③ 図 2.5 によってナガレ不良が一番多いことが判明したので, さらに113個のナガレ不良を作業者に層別してパレート図を作った(**図 2.6**). かくて最後に作業者 A と E の動作分析を行ったのである.

表 2.2　塗装不良の種類別データ整理

不良の種類	不良の数	不良率 (n：1500)	不良の構成比
ナガレ(たれ)	113	7.53%	62.1%
ぶつ(異物)	39	2.60%	21.4%
膜厚むら	20	1.33%	11.0%
つやびけ (光沢むら)	7	0.47%	3.8%
その他	3	0.20%	1.6%
	182	12.1%	99.9%

9)　パレートとは, イタリアの経済学者 V. Pareto のことである.

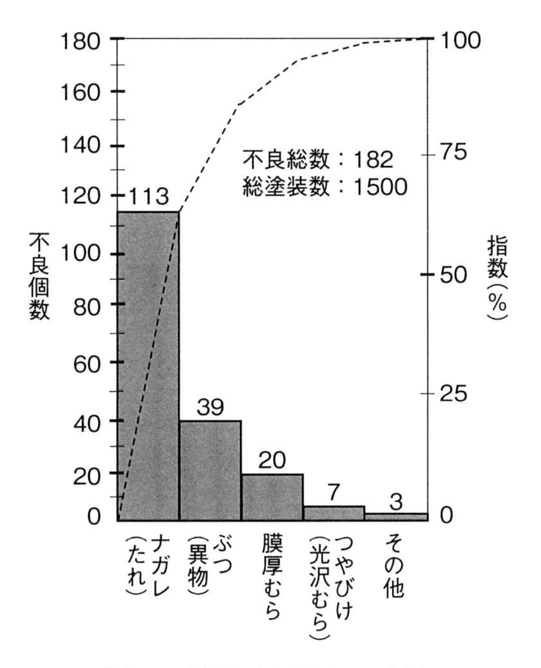

図 2.5　塗装不良別パレート図

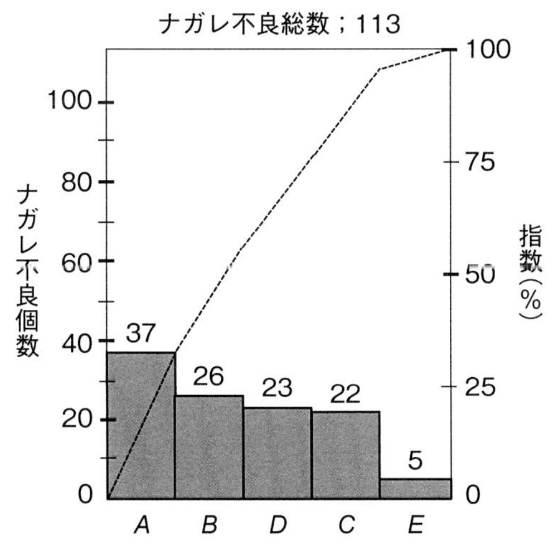

図 2.6　ナガレ不良　作業者別パレート図

（5）ビッグデータの収集・活用の留意点

情報・通信技術の発展とコンピュータの進化により，ビッグデータの収集・活用が可能となった．このとき単にデータを収集するだけでは玉石混交のデータの山を築くことになる．目的を明確にして，どのようにデータを収集・分析するか，例えば図2.4のようなデータシートをイメージして計画を行うことが大切である．

前項①の図2.4のように，要因系と結果系を対応づけられるデータを工程により自動的に収集できれば，問題の解析へ容易につなげることができる．例えば，ビッグデータの有効活用のために，表2.1（p.41）に示したQC七つの道具の手法をこの順序に従って活用しうるストーリー（これは，1962年より“QCストーリー的問題解決法”と呼ばれている）を事前に計画しておくことが肝要である．

これは，次節の方針管理の方針策定における社会・市場・技術の変化の把握，これまでの戦略とその効果に基づくデータの収集・分析などに対しても全く同様である．

2.4　方針管理

§2.2において管理の意味を例を挙げて詳しく説明したが，この管理の“management”にかかわる意味を深く理解するために，本節では，日本の品質管理の一つの特色といわれる品質経営を推進する方針管理を取り上げる．

方針管理の概念とその活動は，企業の経営計画を効果的に達成するために，Q（品質），C（コスト，利益），D（納期：量とスピード）に関する方針を立て，これに基づいて全員参加の総合的品質管理を推進する活動の一環として1960年代の後半に誕生したものである．**方針管理**とは，

「経営基本方針に基づき，長（中）期経営計画や短期経営方針を定め，

それらを効果的に達成するために，各経営組織全体の協力の下に行われる活動」(TQC 用語検討小委員会(1988)：「管理項目・方針管理・日常管理・機能管理・部門別管理」，『品質管理』，Vol.39，No.3，pp.47-50，日科技連出版社)と説明できる．

（１）　方針管理と PDCA の管理のサイクル

企業や公企業は，過去の振り返りとその分析，並びに市場・顧客ニーズの変化，技術の進歩などを見据え，将来を展望して着実に経営を推進するために，中・長期経営計画を立て，これを目指して短期的には各年度毎に経営方針と各部門に対する方針と実施計画を策定して経営活動を展開している．**方針**とは，**目標**とこれを達成するための**方策**をいう．

次に，策定計画(P)された各年度の方針に従って，展開実施(D)される各部門の業務活動の成果は，各期毎にデータ(ここには数値で表せない事象も含む)を整理して検討評価(C)され，摘出された問題点に対しては，その改善の方策(A)を立てこれを講ずる．さらに，このような活動によって得られた改善策や知見は，次期の新しい経営計画と方針(P)に反映されなければならない．

これからわかるように，当初に策定された経営計画は，経営組織の各機能の連携協力の下に，PDCA の管理のサイクルが回され，その計画と活動の水準向上が図られている(**図 2.7**)．

（２）　総合的品質管理(TQM)活動と方針管理

総合的品質管理は日本の文化風土に培われて，これまで発展をしてきた(§1.1，とくに(1)，(2)，p.9)が，この活動の中でとくに，経営トップのリーダーシップの下に展開実施された**方針管理**と，企業・公企業の各部門の連携によって推進される**機能別管理**の二つは，この活動における基盤としての役割は大きい．

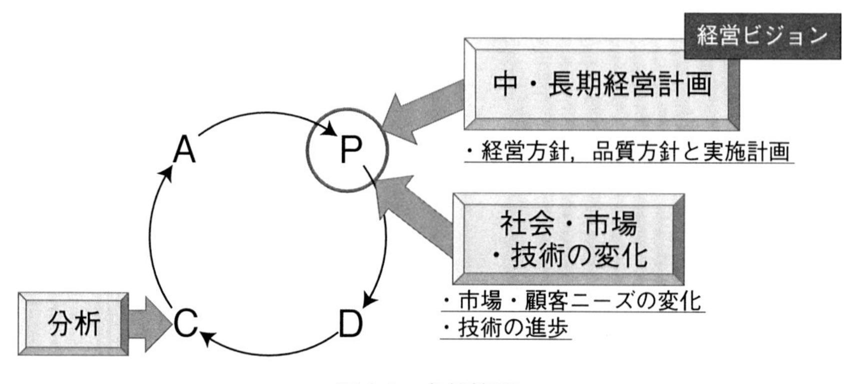

図 2.7　方針管理

本項においては，TQM 活動の視点に立って方針管理の要点を説明する．また，機能別管理については，その根幹の一つである品質保証を中心に次章以降において論及することにする．

1)　方針展開―トップダウンとボトムアップによる経営―

長期経営計画に基づいて策定される社の方針は，経営トップと経営執行役員など経営幹部に共有されるだけでなく，その内容をわかりやすくして組織の末端(現場)部門に広く浸透しなければならない．このため方針は，社長，本部長，部長の順に具体的な内容に展開され，さらに方針は課長，係長，主任，現場監督者の現場の実施計画へと示達されることになる．

しかし，一方的に上位職者の方針が**トップダウン**型に下位職者に形式的に伝達されるだけでは，PDCA の管理は効率的に機能するはずがない．上位職者の方針を下位職者の方針または実施計画へ展開するには，まず，上位と下位の両者の間で“方針のすり合わせ”を十分行うことが大切である．この“すり合わせ”によりトップは現場の現実に接することになり，現場の意見を取り入れて**ボトムアップ**経営の間口を広げることになる．このようにトップダウンとボトムアップを折衷した日本独特の経営を進めるのにあたっては，トップと現場間のパイプの役割を担う部課長の存在が極めて重要となる（詳しくは朝香[1]，とくに第6章）．

2)　社長診断―三現（現場・現物・現実）主義―

経営トップがまず品質管理の理念をよく理解して，トップの率先垂範の下に品質改善の諸活動が推進される態勢が，総合的品質管理（TQM）活動の基本である．

企業のTQM活動推進の最高責任者である社長または，これに代わる経営責任者が，各部門（現場）へ出向いてTQM推進状況と方針展開による当該部門の目標の達成状況と問題点などを確認するのが**社長診断**である（朝香[1]，第2章）．この場合，“結果良ければ，それで良し”とするのではなく，品質向上活動のプロセス（過程）なども評価し，また，併せて現場の現実を知ることが大切である．日本の品質管理では古くより“現場は宝の山”とか“現場に神宿る”という諺が聞かれる[10)]．この意味は，現場には多くの改善すべき問題が内包されていることや，不具合の原因の真実が潜在していることなどを示唆している．

そして，得られた知見は，必ず次期の計画と方針展開に役立てられなければならないことは当然である．

3)　重点指向―トンネル管理の戒め―

上位職者の方針はそのままの文言ではなく，十分に咀嚼（そしゃく）して，下位職者にもわかりやすい言葉を用いて，具体的に重点項目を明示して展開・伝達しなければならない．例えば作業安全を重視する企業で，「安全重

10)　本書でいう現場とは，単に生産現場ではなく，営業や開発設計の場をも含んでいる．

視」とか「無事故必達」という社長方針を，部長，課長そして現場長までもが同じ表現の言葉を“おうむ返し”のように係長や監督者に繰り返して展開，伝達しては意味がない．石川馨(石川[3]，p.47)はこれを「トンネル式方針」と呼び，このような管理を「トンネル管理」といって戒めている．

とくに，長期に亘る信頼性の管理活動の場合も同様である．信頼性向上を目指して「重大事故・故障の未然防止」という方針を掲げても，トンネル管理に近い形になれば対策は総花式なものとなり，この信頼性の管理にはいたずらに時間と経費の浪費を招くことになる．この場合，FMEAやFTAという信頼性手法(これらの具体的な手法は，第5章に詳しい)を活用して，重大事象を予測して，かつ必要な重点管理項目を明示した上で，方針を確実に展開しなければならない．

2.5　品質管理と品質保証

企業・公企業は，組織体の内部(社内)においては効果的な品質管理を運営推進して良い品質(質)の製品またはサービスを生みだし，これを社会(企業体の外部)に提供し，社会の繁栄に貢献することを目的としている．このことは，本章冒頭に記した“品質管理”の役割を見ても明らかである．視点を変え再言すれば，社会(外部)に対して品質を保証することができない企業は，この社会に受け入れられないといえる．

石川馨は，著書『第3版 品質管理入門』において，「消費者・使用者に対して品質保証をするための行動が品質管理であり，品質管理の目的・真髄が品質保証である(点線は筆者らによる)」と述べている(石川[3]，p.102)．これは品質管理と品質保証の関係を簡明に表現したものである．さらに，ここで品質保証をわかりやすく定めれば，

「消費者の要求する品質が十分に満たされていることを保証するため

に，生産者[11]が行う体系的活動」(品質管理用語，JIS Z 8101：1981 による)

といえる．上の文言にある“保証”の一般用語としての意味は，「間違いないこと，大丈夫であることを請け合うこと」である(例えば『大辞林』など)．したがって，この保証を生産者が実施するには，ここでいう市場のニーズに十分に適合する品質を企画書，設計図面，生産設備で**確保**し，図面によって作った現物(試作品，量産品など)などを用いて性能試験や最終試験を行って，品質を**確認**し，その上で社会に，この事実を**確証**しなければならない．木暮正夫は，著書『日本のTQC』において，この活動をそれぞれ「品質の確保」,「品質の確認」，及び「品質の**証明**」と呼んでいる(木暮[9]，p.404)．

これらの説明内容を包含した**品質保証**の意味を，ここで再び『品質管理用語85』(日本品質管理学会標準委員会編[C-10]，p.18)を引用して次に説明する[12]．

「顧客・社会のニーズを満たすことを確実にし，確認し，実証するために，組織が行う体系的活動」

そして，さらに同書では「品質保証を効率的かつ効果的に達成するための手段が品質管理である」と付記しており，品質管理と品質保証の関係を一言でいい表したこの文言は重要である．経営トップの卓越したリーダーシップの下に，全部門の協業した社内の風通しの良い連携プレイによる品質向上の活動と活性化した品質管理推進態勢があればこそ，優れた固有技術と兼ね備えた管理技術によって顧客・社会のニーズを確実に満たすことを目的とする品質保証が十分に達成されうることは容易に理解できよう．

---

11)　この生産者は企業及び公企業と広く考えてよい．

12)　品質を保証するための具体的基本ステップは，三確(確保・確認・確証)に要約される(§3.2(2)，p.59)．

かくて，「品質管理の目的・真髄が品質保証である」(石川[3])であり，また，その品質保証は品質管理の強固な基盤の上に構築されているのである．

［註 2.1］　3σ 法による管理図

一般に多くのデータの分布は正規分布(**図 2.8**)となっていることが多い．この分布のばらつきは標準偏差 σ(シグマ)によって表示されるが，この分布からのデータが中心から 3σ 離れた外側に出る確率は 0.27%(大雑把にいえば 3/1000 ―センミッという―となる)であることがわかっている．図 2.3(p.41)に示した管理図の UCL と LCL はそれぞれ，$UCL=CL+3\sigma_x$，$LCL=CL-3\sigma_x$ となっているのである．σ_x はプロットした点の標準偏差の値となっている．したがって，工程などの状態が正常のとき，点が管理外れとなる誤り(第1種の誤り，アワテ者の誤り)の生ずる確率は 0.27%であり，一方，真の状態が異常なのに，このことに気づかない誤りを第2種の誤り，またはボンヤリ者の誤りという．

なお，正規分布の詳しい性質や σ の意味などは，確率・統計などの教科書を参照されたい．

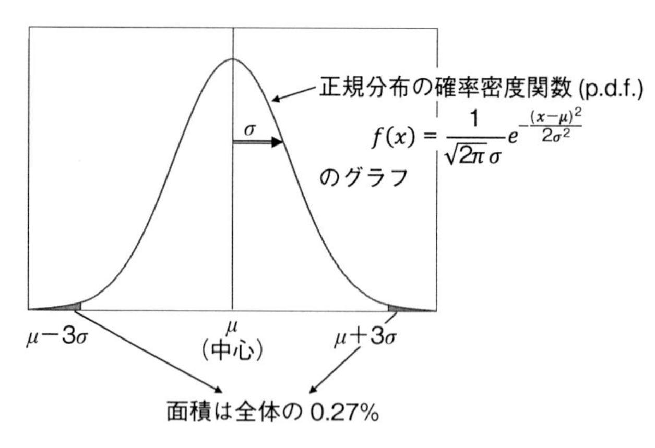

図 2.8　正規分布の p.d.f. $f(x)$ と 3σ

第3章

品質保証と機能別管理

品質保証という言葉は一般用語として，例えば，「A製品の品質を保証する」というように日常的に使われているが，その意味は明確ではない．また，一般企業では，品質管理の初期の活動の中においてすでに，**品質保証**(Quality Assurance：**QA**)という用語は使われていたが，当初は，品質保証とは検査によって品質を顧客または後工程に保証することという程度の単純な意味のものであった．

しかし，技術の高度化に伴い，社会に対して品質と信頼性[1)]を保証する企業においては，品質保証は極めて重要な役割を担うようになった．本章では，TQCの基盤の上に発達した品質保証とその活動を支える機能別管理の特色とその概要を説明する．

---

1)　信頼性という品質は，これも当然品質といえるが本書ではとくに信頼性を明示するために，このときは，原則として“品質と信頼性”という文言を用いることにする．

3.1　品質保証活動のはじまり

（1）　アメリカにおける品質保証活動の動き

海外(アメリカ)において品質保証の概念が生まれ，かつ，品質保証活動が具体的に動き始めたのは1950年代の後半のことである．同じ頃，わが国では，戦後に導入されたSQCがようやく体系化され，これが広く各企業に組織的に展開されるようになった時代を迎えていた(§1.1(1)，(2)，pp.7-10)．

この頃アメリカでは，多くの複雑な製品・システムを各生産企業(供給者)より大量に購入するアメリカ国防省(購入者)は，これらの製品品質を購入するときだけではなく，さらに生産の過程(プロセス)に遡って，つまり，生産の源流の段階において保証できるように各生産企業毎に品質プログラム[2)]を作成することを義務づけるようになっていた．それから間もなく1963年に，これらは統一された規格となり，これがMIL-Q-9858Aとして公布されることになった．そして，このMIL規格は後に制定された各種の品質保証に関する規格の原典の役割をも果たすようになったのである．

このような品質保証の萌芽期に，一般民需産業においては，すでにGM，フォード及びクライスラーの自動車を生産・販売する3社(“ビッグ・スリー”という)による**マイル保証**(mileage warranty)が施行されていたことにも注目しなければならない．マイル保証とは，販売した自動車が所定の走行マイル数に達する前に故障した場合にはメーカがこれを無償で修理する義務を負うとする**瑕疵担保保証**である([註3.1]，p.71)．

2)　品質プログラムとは，企画・仕様決定の段階から，生産，販売・納入に至るまでの全段階において，目標品質を達成するために必要な各部門の役割と責任及び各関係者の主要業務をまとめて文書化して定めたもの，をいう．

これに続いて，1960年代に入って消費者主義（§1.1(5)，p.13）が台頭していたアメリカでは，1966年に初めて自動車のリコールが実施され，さらに1970年代に入ると，製造物責任（PL）の訴訟件数が急増するようになってきた（§1.1(5)，p.14を参照）．

このような高度技術によって支えられる高度技術社会を背景として，買り手責任より売り手責任の時代へと変容したアメリカ社会の動き（詳しくは §1.1(5)，p.14）は，日本やヨーロッパなどの工業先進国の品質管理にも大きな影響をもたらしたことはいうまでもない．

（2）　わが国における品質保証活動のはじまり

アメリカの消費者主義を中心にした社会経済の新しい動きに呼応して，それまで総合的品質管理を基盤にして形成されつつあった日本の品質保証活動には，いまひとつの新しい局面が展開されることになった．

ここで，この辺の事情を少し視点を変えて顧みれば，次のように説明できる．すなわち，これまで市場の顧客のニーズと潜在ニーズを重視して，これに応える品質を確実に具現することを目指して活動してきた日本の品質保証は，内外の社会の新しい要請に素早く呼応して，新たに品質欠陥と故障を予防する砦を築いて社会に対して安全を保証するという役割をも併せて担うようになった，と．かくて，1960年代の中頃には，品質保証活動が各企業毎に活発に実施・推進され，この活動にしたがって品質保証の体系が各社各様に構築されるようになっていた．

この頃に，このような品質保証活動とその体系を統一的な視点より調査・研究し，これをまとめたものが『品質保証ガイドブック』（朝香・石川［A-1-a］）である．このガイドブックは，朝香鐵一・石川馨両編集担当者の指導の下に約50名の産業界と学界の協力者によって作成され，1974年にわが国において初めて品質保証の理念と体系を集大成した成書として公刊されたものである[3)]．そして同書は爾後，文字通り，わが国の品質管理活動における品質保証のガイドライン[4]として，その役割を長く果たすようになったのである．同書には，品質保証の意味を平易に次のように記してある(点線は筆者らによる)．

「消費者が安心して，満足して買うことができ，それを使用して安心感，満足感をもち，しかも長く使用することができるという，品質を保証することである」

この文言(点線部)を見ればわかるように，ここでは信頼性を保証する活動も品質保証に含まれているのである．

(3)　その後の品質保証の発展

わが国の品質保証の特長は，品質保証の規格を明示し，これを基本に発達してきた海外(主として欧米)のそれとは異なり，§2.5(p.51)で述べた「品質管理の目的・真髄は品質保証である」という言葉通り，全社的品質管理(TQC と TQM)に基盤をおいた品質保証として発展したということである．市場の動静と品質情報を把握して企画の品質を定め，これを，研究開発・設計の段階から生産・営業や運用・アフターサービスの段階に至るまでの全部門の協力により確実に具現するには，これまでに再三に亘って説明してきた(§2.4(2)，p.47，及び §2.5，p.50 あるいは §1.1(6)，p.15)TQM 活動が欠かせないのである．

1960 年代の後半より社会経済の動向に順応して着実にその体系を築いてきたわが国の品質保証活動は，常に品質と対峙する緊張感の下に発展を続け，やがて，高品質・高信頼性の代名詞ともなった“made in

---

3)　1974 年に発刊されたこのガイドブックは，2009 年に新たに，日本品質管理学会の編集によって，『新版 品質保証ガイドブック』[A-1] として刊行されている．

4)　ガイドラインとは，手引き書と訳してよい．規格より自由度の高い取り決めごとである．品質保証を規格として定めるより，規格の代わりにガイドラインとした方が柔軟性が高いといえる．

Japan”という国際的名声を高めるのに大きな貢献を果たすことになった．このことは，例えばジュラン(J. M. Juran)の論文“Japanese and Western Quality–A Contrast”([C-6])や，これを一つの契機としてアメリカNBCにより1980年に制作され放映されたテレビ番組“If Japan can, why can't we?”などによって，改めて世界に知られるようになった．

ここで，このような品質管理と品質保証の発展の背景には，学界の研究者と産業界の経営トップと専門家が協力して品質保証と信頼性の研究と啓蒙を推進する長年に亘る活動があった(§1.2，p.16及び本節(2)参照)ことはいうまでもない．

3.2　TQMを基盤とした品質保証

当初は最終検査によって品質を顧客に保証するという考え方が常識的・主流となっていたが，品質管理が広く啓蒙されるようになると，この考え方は次第に進化して，最終検査だけではなく，開発の**源流**([註3.2]，p.72)の各生産工程において作り込んだ品質を保証して，ここで保証された仕掛かり製品(現場では“ワーク”ともいう)を次工程に引き渡し，この活動を通じて最終的には品質を社会と顧客に対して確実に保証することこそが品質保証の基本である，となってきたのである．

さらに，1960年代に入り，貿易自由化の促進によって日本産業が国際化に足を踏み入れ，その上に技術が急速に進歩して，家庭電化製品や高価な自動車など複雑な多機能製品が家庭生活の必需品として登場するようになると，生産企業には，内外の市場の顧客・消費者から，多種多様な品質要求(ニーズ)に加えて，きびしい製品の安全を求める声が向けられるようになった．このような高度技術によって支えられる社会に対して，各企業は顧客ニーズを一層重視し，これに応える品質を確実に達成するために，製品企画，開発・設計から営業(販売)そして運用に至るまでの各段階を一貫する品質保証の体系を構築し，これを整備するようになったのである．

（1） TQMを基盤とした品質保証の意味

これまでに説明した品質保証の意味を敷衍して，**TQMを基盤とした品質保証**を次のように述べることができる．

「顧客(購入者)・消費者の要求(ニーズ)や市場の品質情報，使用・環境条件を調査分析して品質目標を定め，これを確実に達成するために企画，研究開発，設計，生産，外注購買，営業及び使用・運用の各段階を一貫して実施される，品質を**確保**し，これを**確認**し，さらに，この事実を必要とする外部(顧客，購入者，社会など)に**確証**する活動」(この文言は主として[18]，p.217による)．

この品質保証の意味は主として第2次産業の生産企業(供給者)を対象に記したものであるが，第3次産業の場合などには，これを基本にして実情にあわせてその意味を定めることが望ましい(例えば，朝香鐵一，真壁肇，小林庄一郎(1987)：『電気事業のTQC』，日科技連出版社)．

一方，国際規格ISOに準拠して定められたJIS Q 9000：2006では品質保証を「品質要求事項が満たされるという確信を与えることに焦点をあわせた品質マネジメントの一部」(点線は筆者による)としている．この文言は，供給者(一般に生産企業)と購入者(顧客・消費者，社会・市場)の立場関係に焦点をおいて，欧米の契約型社会風土に立脚して品質保証の意味を明確に示したものである．そして，ここで記した品質保証を，“確信を与えて(上の下線部)”正しく達成するには品質の確保と確認が基本であることはいうまでもない．

ここで，上に述べたTQMを基盤とした品質保証の意味内容を考察すれば，それは次の3点に要約できる．

①　顧客・市場重視の品質目標の達成

②　一貫した品質の保証活動…後工程への保証

③　確保，確認，確証の三確による保証

ここで，各項目をさらに少し敷衍して補足説明しておこう．

①は，目まぐるしい技術の進展と社会環境の変化に呼応して，常に顧客・市場に目を向け，品質保証の源流段階において品質目標を明確にすることが品質保証の第一歩であることを指摘している．

また，②では，目標とする品質は一貫して企画・設計，生産などの各段階において，それぞれ企画書，設計図，及び生産(または量産)品として具現し，最終的には使用・運用の段階において，販売された製品・システムの品質が消費者や顧客(生産企業，設備システムの運用企業)の要求を満たすことが保証されなければならないことを意味している．この一貫した品質の保証活動は，次の(2)項で詳しく説明する．

また，③では，品質を**保証**する具体的ステップを“**三確**”と要約している．そしてこの確保，確認，及び確証という品質保証の中核ともいえる三確(この用語は梅田[6]による，さらに[18]，p.219 と §2.5，p.50 及び第 2 章脚注 12)，p.51)は，次節 §3.3 でいま一度詳しく説明する．

（2）　各段階を一貫した品質の保証活動

とくに高機能品質や信頼性品質を，各段階に亘って一貫して確実に保証するには，各段階を主管する各部門の縦割り組織の壁に阻まれることなく，関係者の密接な協業が求められる(§3.3(1)，p.62)．

さらに，品質を確実に確保して，社会に対して，これを確証するには，できるだけ早期に問題の所在を把握して品質を保証する態勢を整備しなければならない(§3.3(2)，p.62)．

本項においては，このような一貫した品質保証の特長といえる活動の一端を説明する．

1)　企画と技術

市場で競争力のあるダントツ商品[5]を目指して，意欲的な商品企画書を作成しても，企画書の魅力だけに目を奪われて，ここに盛られた企画品質を支えるべき技術("シーズ"ともいう)とコスト力が十分に確立していなければ，この企画書の内容は文字通り"絵に描いた餅"である．この企画では後工程である開発・設計や生産に対して品質保証ができないので，この段階で技術とコストの壁に阻まれ，設変(設計変更の現場用語)や手戻り(バック工事；開発や生産準備のやり直しの現場用語)が増え，品質・信頼性はいうまでもなく，その納期もコストも十分に保証できないことになる．

2)　源流管理

前1)目のような不測の事態を避けるために，効果的な品質保証の活動体系を強化しておくことが定石である．このため，**源流管理**([註3.2]，p.72)の考え方に従って源流段階においてDR(デザインレビュー[6]，詳しくは§5.2，p.113)などを各部門のスペシャリスト(専門家)の参画の下に実施して，品質目標を達成する上で要(かなめ)となる要素技術(シーズ)を明確にし，また克服すべきネック技術(bottle neck engineering の現場で用いる略語)をモレなく摘出して，先行開発(例えば，図3.2 品質保証体系図，p.64)を推進して品質の確保の目途を立てることが必要である．このためには，よく知られたTQM手法である品質機能展開(QFD；Quality Function Deployment の略)や各種の信頼性手法をよく学び，関係者が協業してこの手法を活用することが効果的である．ここ

---

5)「ダントツ」とは，「断然トップ」を意味するTQM用語．

6)　ここにいうデザインレビューや工程のFMEA(§5.4(1)，p.120)などは元々は信頼性活動に用いられていた手法で，それがTQM分野でも活用されるようになったものである．

で，QFDとは簡単にいえば，「製品に対する品質目標を実現するための，様々な変換及び展開を用いる方法論」(JIS Q 9025：2003)である(詳しくは，朝香，石川，山口[A-3]の§10.6，pp.748-759).

3)　設計と生産(製造)技術の協業

さらに，品質目標の達成に向けては，作成される企画書や設計図によって企画品質や設計品質が次第に明確となるのに先駆けて，これらの品質を生産段階において確実に実現するために企画・設計部門と生産部門は一貫した品質保証のための協業活動を開始する．例えば，いかに優れた品質を目指して設計図を作っても，生産・製造部門で加工ミスが発生しては，品質も信頼性も保証できない．このため，設計者は設計の意図を品質の保証の視点に立ってわかりやすく説明する**QA表**[7]を作り([註3.3]，p.73)，生産部門と協力して設計・生産工程上の重要品質保証項目及びこれに対応する工程管理項目を明示し，生産部門はこれを整理して現場の作業者にもわかりやすい**QC工程表**[7]などを作成するのである．この活動には工程のFMEA[8]の手法も有効である．

3.3　機能別管理と品質保証体系

本章の各節で述べた品質保証を確実に推進するには，これまでのTQM活動の中で着実に培われてきた機能別管理を十分に理解し，その上で品質保証の体系を構築して活動を推進しなければならない．

---

7)　QA表とは重要品質特性とこれを実現するための設計及び生産上の重要品質保証項目・工程管理項目，ならびにその関連を明確にした一覧表をいう([註3.3]及び[A-1]，p.784，図6.13)．さらに，QC工程表とは，QA表の各項目に基づいて，生産工程の各ステップにおける工程管理項目とその管理の方法などを体系的にまとめた図表をいう．

8)　§5.4(1)，p.120参照.

（1）　機能別管理

今，昔風の一軒毎に御用聞きに廻る主人一人で桶屋を経営する事業者Aを考えよう．Aは顧客の桶の使い勝手をよく調べて桶を作り，これを客に売って生計を立てているので，他人にいわれるまでもなく，自分一人の“one-man play”で品質に気をつかい，同時にコストと納期にムリ，ムダなく管理を行っている．しかし，多数の人の協力によって経営を進めている現在の一般企業の場合には，このようにはできない．

企業は，その目的を効果的に達成するために，一般に企画・研究，技術，生産，及び営業などの業務実施部門に，本社が直轄する管理部門を加えて経営組織を編成し，その上に，職務分掌により各部門の業務を定めて経営活動を実施展開している．

しかし，常に変遷進化する市場と技術の動向に順応して品質管理(TQM)を推進し，その理念を目指して企業活動を展開するには，縦割りの管理ともいえる**部門別管理**に加えて，品質(Q)，コスト(C)，及び納期(D)などという経営要素を対象に各実施部門が協力して進める横割りの管理活動といえる**機能別管理**(cross-functional management)が重要な役割を果たす(図3.1)．

品質管理(TQM)は，その名の通り品質の向上をその中心においた管理活動であるが，品質とともにコストと納期を総合したバランスの取れたQ, C, Dを客観的なデータに基づいて科学的に管理することが大切である．このため，TQM活動では，組織による優れた部門別管理を基本とし，この上に組織を横断して，それぞれQ, C, Dを対象に部門間協業を重視する機能別管理である**品質保証**，**コスト(利益)管理**，及び**納期管理**を展開実施し，QCDの同時達成を目指すことになる．

（2）　品質保証体系

品質保証を着実に進めてゆくには，“ヌケ”や手落ちがないように，

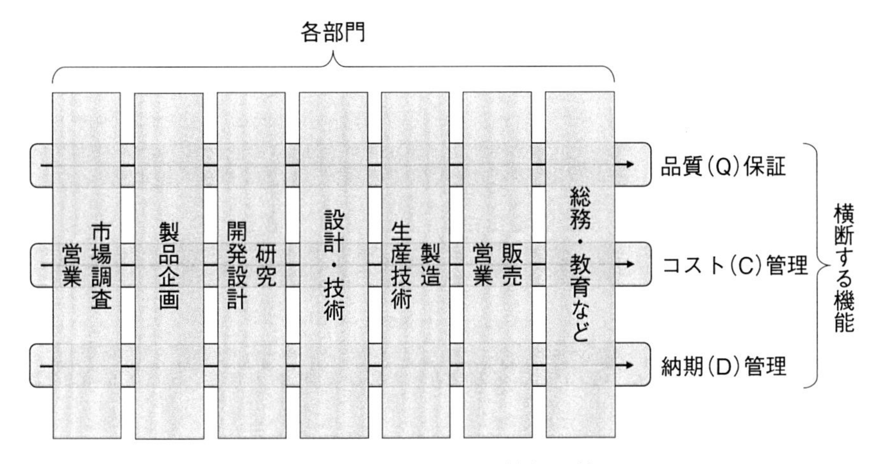

図 3.1　Q, C, D の三大機能別管理

この活動の全体像が目に見えてわかるように図で示すようにしなければならない．このために**図 3.2** のように，左側の欄に上から下へ具体的に品質保証が実施される段階を，上側の欄には左から右へ部門を書き，この二元表の中に品質保証の活動要素を示したブロックをその順に配置すればよい．このようにして**品質保証体系図**が作成され，品質の確保と確認が着実に遂行されることになるが，以下に，この品質保証体系図の特長を説明し，その上で"三確"の意味を具体的に述べる．

1)　品質保証体系図の特長

品質保証体系図を十分に理解するために特筆される事項を以下に述べる．

①　各段階別に，各部門が協業して推進すべき活動が目に見えて明確になる．とくに，品質保証の体系が複数の企業にまたがっている(本項 5)，p.66)とき，品質保証体系図によって各企業の部門間の役割と責任を広い視野に立って展望することができる―[機能別管理

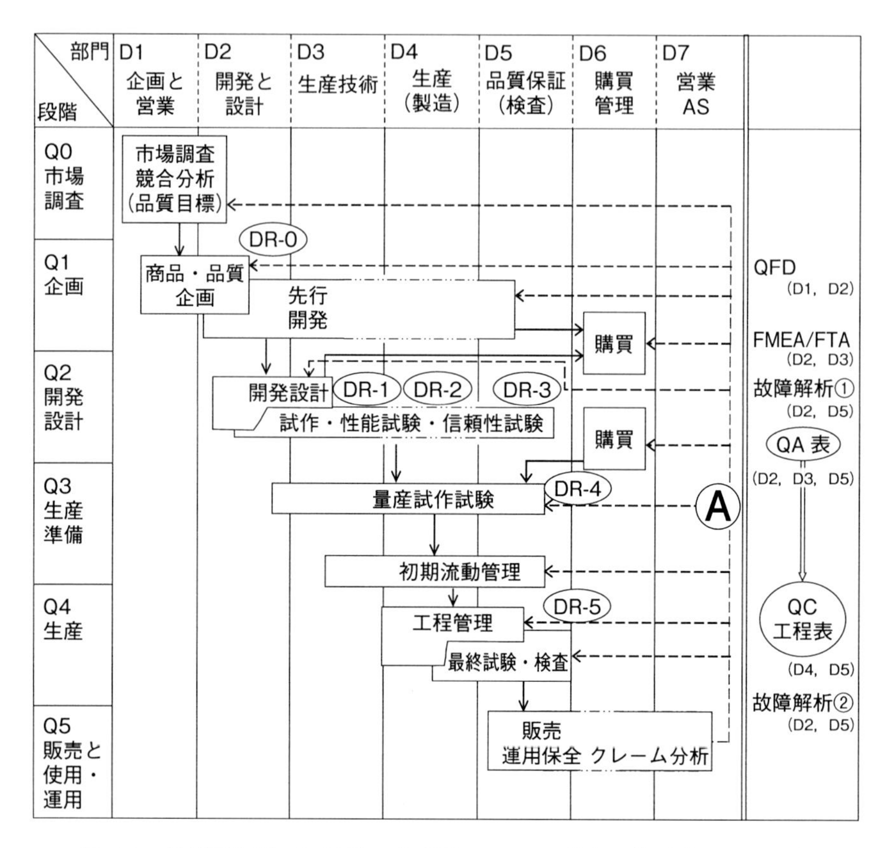

図 3.2　品質保証体系図(第一次産業メーカの場合；簡略化した一例)

による段階別品質保証]

② 各段階毎に，**確保**すべき品質について技術モデルや試作モデルの機能試験や信頼性試験を実施して，一貫して品質が確保されていることをデータによって**確認**できる—[段階移行(“phase transfer” という)毎の品質の確認]

③ 原価低減や納期に対しては早期に対応しなければならない．例えば，“内製か外製か(make or buy)” などの視点に立って革新的な原価低減を行うには，企画段階に早期に実施されるデザインレ

ビュー(DR)に並行して行われるコストレビュー(CR)が有効である．また，信頼性試験などは，早期に準備して日程管理を進めることになる．

このような源流における対応は品質保証体系図によって混乱なく実行される—[源流管理の実施]

2)　確保と確認について

市場調査によって企画品質が設定され，または，購入者(発注側)の要求仕様が提示されると，要求品質を**確保**すべく，企画設計や開発設計が開始される．かくて設計図が作製されるが，さらに図面によって試作された試作モデル(proto-model)や技術モデル(engineering model, feasibility model[9])などの実機を使って性能試験や信頼性試験を行い，現物(げんぶつ)による現場データによって品質が**確認**されなければならない[10]．

生産準備に入っても同様である．すなわち，量産時の現場の4M[11](作業者，設備，材料・部品，作業標準)に基づいて量産試作(量試という)を行い，この量試モデルの品質をデータによって確認しなければならない．

3)　確証について

生産者(メーカ，受注者)から顧客，社会または購入者へ製品が引き渡されるには，生産者は必要な試験データと最終試験・検査データによって品質を受け入れ側に**確証**しなければならない．

---

9)　feasibilityとは品質の確保の「実現可能性」をいう．

10)　図面だけでは品質が確保されているかはわからない．実機によって，場合によってはPDCAの管理のサイクルを通して品質を向上し，その上でデータによって品質を確認することになる．

11)　4Mとはman，machine，material，methodの4つ．

4)　市場品質情報の的確なフィードバック

さらに，品質保証体系の最後の段階Q5(図3.2)においては，市場において使用・運用されている製品やシステムの品質情報を収集分析して，これと市場の顧客ニーズとの適合性を検討しなければならない．この結果は図3.2の点線(Ⓐ)に示すフィードバックによって各段階と各部門に反映してPDCAの管理のサイクルを回して，品質保証の水準を向上することが重要である．

5)　一企業完結型と多企業連結型の品質保証体系(QA体系)

一企業の品質保証を中核として形成されるQA体系は，“**一企業完結型**”のものとして取り扱えるが，一方，一部の重要コンポーネントを専業企業より購入する事業体の品質保証の場合や，航空機や発電プラントなどの製造“メーカ”と，これを運用するエアライン・電力事業者などの“運用・使用者”が顧客への価値を提供する企業が連合する事業体の場合には，“**多企業連結型**”のQA体系となる．後者の場合は，関係する事業組織が互いに協業し，共存共栄の理念と企業の社会的責任に徹し，QA体系の各段階における活動要素の相互関係の明確化，“確保”と“確認”に関する責任と権限の明確化などに留意する必要がある(詳しくは，[C-9]，pp.38-39ならびに石川[3]，p.399，「買手と売手の品質管理的10原則」)．

3.4　品質保証と製品安全

すでに，§3.1(2)項(p.55)において言及したように品質保証は，確実に市場のニーズを木目細かく把握して顧客満足度(CS)を高める活動を進めるとともに，一方で，社会からの安全文化を確立せよとする強い要請に応えて，品質保証の体系を整備して製品安全を護る砦を築くという極めて重要な役割を強化してきた．

本節においては，この背景にある製造物責任法や自動車のリコール制度，消費生活用製品安全法(消安法)などについて説明する．

(1)　製造物責任(PL)とPL法

製造物責任(product liability：**PL**と略称)とは，簡単にいえば，

「市場において，設計，製造又は表示に欠陥のある製品を使用した者が，その欠陥に起因する損害を被った場合，この損害に対して製造者(又は販売者)が負うべき責任」(この文言の大綱はJIS Z 8101：1981による)

である．

この責任法理は，1962年にアメリカ・カリフォルニア州において欠陥のあった電動工具の製造業者に課せられた判例が指導的判例となって，その後，アメリカにおけるこの種の訴訟に引用されるようになったものである．そして，このPL訴訟は，アメリカにおいて1980年代に入ると急速に増大するようになった[12]．

このPL訴訟においては，PL責任の立証の要件として次の2項目が挙げられている[13]．

① 製品に欠陥があり，不合理に危険な状態にあったこと

② この状態と原告が立証する損害との間に直接的な因果関係のあったこと

この2点によって原告(使用者，消費者)と被告(主として製造者)の争点は明確となるが，これには被告の過失は含まれない([註3.4]，p.73)．つまり，原告はPL責任の立証に関しては，被告の過失までは立証する

---

12) 米国連邦裁判所の統計によれば，1974年に1,577件であったPL訴訟は，1990年には19,428件となったという．

13) これは土井輝生(1978)：『プロダクト・ライアビリティ』，同文舘出版による．

に及ばないことになる(**図3.3**)．この意味でPL責任は無過失責任，または厳格責任とも呼ばれている[14)]．

わが国では，当初はこの訴訟に対しては，「故意又ハ過失ニ因リテ他人ノ権利ヲ侵害シタル者ハ之ニヨリテ生シタル損害ヲ賠償スル責ニ任ス」という民法第七百九条によって対処していたが，長年に亘る審議を経て，ようやく1995年に民法特別法として製造物責任法が制定・施行されることになった．この条文においては，第二条において「製造物」とは何か，及び「製造業者」の意味を明確にした上で，その第三条において「製造物責任」を定めている(さらに[註3.4]，p.73)．

さらに，このPL法ではその第二条，第二項において欠陥を次のように詳しく定めている．これは「欠陥とは何か？」を定める重要な事項なので，これを以下に記しておく．

「2　この法律において「欠陥」とは，当該製造物の特性，その通常予見される使用状態，その製造業者が当該製造物を引き渡した時期その他

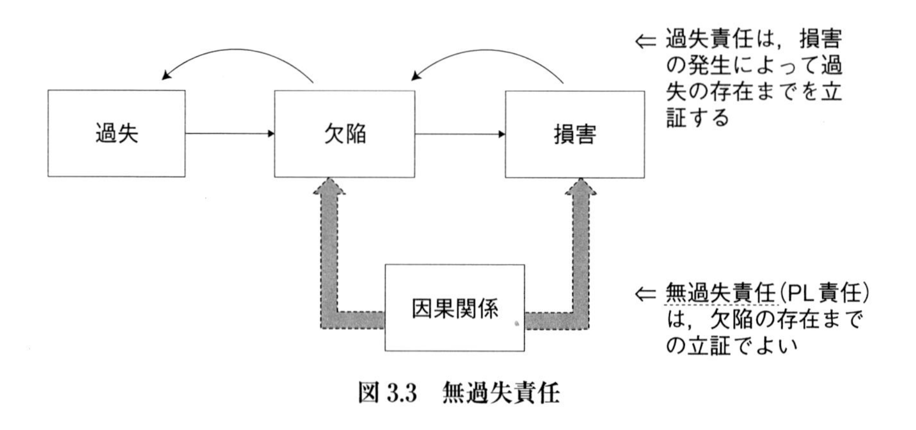

図3.3　無過失責任

14)　PL責任は文字通り，製造者にとっては厳格な(strict)ものである．しかし，このことは製造技術に詳しくない弱者といえる原告を護る意味で道理があるといえる．

の当該製造物に関わる事情を考慮して，当該製造物が通常有すべき安全性を欠いていることをいう」

PL 責任を論ずるには，この欠陥の意味を十分に理解しておくことが大切である．因みに，JIS Z 8115：2000 においては PL 法によって定めた欠陥と混同がないように，欠陥の代わりにデフェクト（defect）という用語を取り上げて，これを次のように説明している．

「アイテムを合理的尺度から見て安全な状態から逸脱させたり，購入者または使用者の意図した性能または期待を成し遂げられない状態．ただし，期待は関連する状況下で合理性があるものとする」

（２）　自動車のリコール制度

これまでの各章において，製造物責任と自動車のリコール問題が社会に対して安全を保証する品質保証体系の整備に大きな影響を及ぼしていたことを説明した．いうまでもなく，PL 問題とリコール問題も，その根っこは同じ品質の失敗に起因するものであるため，一見して同種の課題のように見えるが，この２つの問題を品質保証の視点より見ると，両者は対照的な意味を有している．本項では，まず，その目的と内容について観察しておこう．

① 目　的

PL 責任は発生した品質上の欠陥によって生じた消費者・使用者の損害を製造者が賠償して消費者を護る（事後補償）ことを目的としているのに対して，自動車のリコールは欠陥のある車をすべて回収・修理して，市場における事故・故障の発生を防ぐ（未然防止）ことを目的としている．

② 内　容

自動車のリコールはメーカの生産過程の設計または製造上などに起因した要因によって発生した欠陥のある自動車を対象としている

が，PL責任は無過失責任の名の通り，製造業者(メーカ)の過失の有無には関係ない．

ここで，自動車のリコールを説明しておく．**自動車のリコール**とは，

「設計または製作の過程に起因して発生した欠陥のある車(欠陥車という)による交通事故，故障や公害などを未然に防止するために，同じ欠陥を有すると考えられる同一型式の自動車を，自動車を製作したメーカまたは輸入業者が，その旨を省当局(国土交通省)に届け出て全てを回収して無料で修理すること」

をいう．ここで欠陥とは，

「自動車の構造，装置または性能が安全確保や公害防止に関する保安基準に適合していない不具合」

をいう．

図3.4に，日本におけるリコールの近年の発生件数及びリコール台数の推移を示す．当初は省令によって実施されていた**リコール制度**は1994年に法令として「道路運送車両法」に盛り込まれた(同法第63の

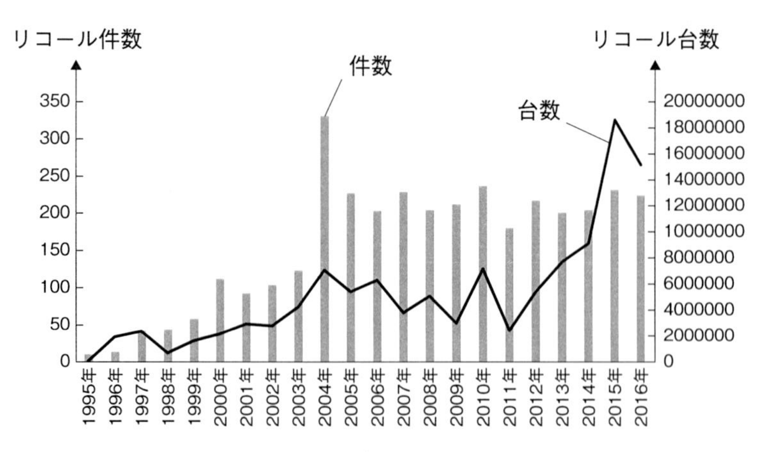

図3.4　日本の自動車(国産車)のリコール件数とリコール台数
(国土交通省の資料による)

2)が，1990年代後半におけるリコール件数の増大に伴い，2002年には「改正道路運送車両法」が制定され，“リコール隠し”の罰則が強化され，リコール法令に関する規定(同法第63条の2の第5項)も設けられるようになった．

リコールの制度は自動車に対してだけではなく，身近な家庭における家電製品やガス器具にも法令が制定されている．次の(3)項で，この消費生活用製品安全法を説明する．

（3） 消費生活用製品安全法

一般消費者の生命や身体に対する危害を防止するために，1975年に「**消費生活用製品安全法**」(消安法)が制定されたが，後に家庭において使用に供せられている製品の経年劣化などにより製品事故が発生し，これが一般に公表される前に繰り返し発生することが多くなって，このことが憂慮されていた．このため，2006年に消安法が改正されて，この中にリコール制度を主体とする「製品事故情報報告・公表制度」が導入されることになった．この**リコール制度**については，経済産業省製品安全課[C-13]に詳しい．

また，さらに長期に亘り使用されている製品の重大製品事故の問題を未然に防止するため，消安法には2009年に，政令によって指定された屋内式ガス瞬間湯沸器や石油給湯器などの9品目の特定保守製品を対象に「長期使用製品安全点検・表示制度」が制定されることになった．このうち「安全表示制度」には，特定保守製品以外の扇風機やエアコンなどの5品目が指定されている．

［註3.1］ 瑕疵担保保証と保証

瑕疵担保保証には，家電製品の1年保証，10年保証などがある．この保証は英語で“warranty”といい，品質保証の保証“assurance”とは意味が異る．

一般には，瑕疵とは，キズのことをいい，瑕は玉のキズ，疵は皮膚のキズのことである．ここでいう瑕疵とは法律用語でいえば，「予期した状態や性質の欠けていること」をいう．また，**瑕疵担保**とは，「売買など有償契約にかかわる物件や製品に隠れて見えなかった瑕疵欠陥があった場合に，売主が負うべき担保責任」をいう．これらのわかりにくい法律用語は近い法改正の時に，理解できる一般用語に変更される予定という．

同じ“ホショウ”と呼ぶ用語に**保障**(security)と**補償**(compensation)がある．保障は安全保障条約や社会保障のように，「保護して危害のないようにすること」(『岩波国語辞典』)をいう．また，補償とは文字通り「補い償う」ことで，その意味においては保証とは“月とスッポン”の違いがある．

［註 3.2］　源流管理

源流とは，「市場調査→企画→開発・設計→…→使用・運用」という品質保証体系(図 3.2，p.64)の段階の流れの上流の部分を指していう用語である．そして，下流において発生する可能性のある品質(Q)やコスト(C)上の不具合事象を上流の段階において把握し，未然防止の改善策を講じ，Q，C，D(納期)の質の水準の向上を目指す活動を**源流管理**という．

例えば，市場において製品やシステムに重大事故・故障が発生すれば，このような事業は深刻なものとなる．このようなことがないように企画や設計段階においてデザインレビューや信頼性試験の先行実施など信頼性手法を役立てて(第4，5章で詳しく説明する)未然防止策を講ずることにする．

朝香鐵一は[1]において，品質保証と利益確保から見た問題点について，“源流管理の徹底”の重要性を次のように説明している([1]，p.41)．

「製造，組立，あるいは施工終了という段階になって不具合の箇所が出たのでは，修理，手直し，あるいは根本的な対策を取らなければならなくなり，コスト高になったり，納期遅れを生じたり経年変化に対する品質保証が心配になったりする．さらに，外注，下請け等にも迷惑をかけることになる．源流で品質を作り込んで，コスト，納期が確保され，信頼性のある品質保証が確保できるのである」

［註 3.3］ QA 表の活用

企画によって定められた重要品質特性を実現するために設計段階において重要品質保証項目が明示され，これがさらに生産部門と協力して生産工程上の工程管理項目に展開される．そして，これらは QC 工程表に確実に反映されなければならない．

表 3.1 に簡略化した QA 表を示す．

表 3.1 QA 表の一例

No	［企画・仕様］		［製品設計］重要品質保証項目		［工程設計］工程管理項目				説明事項
					工程 a	工程 b	…	工程 z	
1	重要品質特性 A	規格値 A	部品・部位 A1	規格値 A1	○			○	品質特性の重要性と重要品質保証項目，工程管理項目，およびこれらのつながりなどを説明する．
			部品・部位 A2	規格値 A2		○		○	
			部品・部位 A3	規格値 A3		○			
2	重要品質特性 B	規格値 B	部品・部位 B1	規格値 B1					
			部品・部位 B2	規格値 B2					

［註 3.4］ 過失が問われる責任

PL 法では，その責任(これは賠償責任)は法(民法)で定められた製造物と製造業者を対象にして無過失責任が問われている．この場合，PL 責任は過失の有無に関係なく，欠陥の存在を欠陥と顧客の受けた損害の因果関係で定める（図3.3）が，一方，広く社会インフラのシステムにおいて発生した事故・故障による発生傷害などの場合には，当該管理責任者に対して，その責任が刑法（第二十八章，第二百十一条）に基づく業務上過失傷害致死罪の過失の有無によって問われることになる．

第4章

信頼性とその管理

「信頼」とか，「信頼性」という言葉は日常生活にもよく出てくる．例えば，「A 君は信頼できる」とか「A 国と B 国の信頼関係」などである．

この場合「信頼」の意味は文字通り“信じて頼る”と解すればよいが，もっと具体的にいえば，われわれは自動車や航空機とそれを運用している航空会社を信頼しているからこそ，気軽に安心して日々の生活を送り，また，海外に出かけたりしているのである．

しかし，自動車や航空機など複雑なシステムを作ったり，運用している企業から見れば，信頼の意味を上のように情緒的に考えていたのでは，社会からの信頼に応えることはできない．工業製品や大規模な複雑システムを作って，これらを社会に提供している多くの“モノづくり”企業では，

① まず，信頼性の意味と概念を明確に定めて，

② その上で，これを数式または数字によって客観的に表示した信頼度などの客観性のある物差しを作り上げて，

③ さらに，社会の信頼を得ることのできる信頼性目標を定め，これを実現するために PDCA の管理のサイクルを回して信頼性を向上するという信頼性管理を全員の協力の下に推進する

という考え方によって信頼性の向上活動に努力をしているのである．

すでに，第1章の[註1.10](p.29)において信頼性管理の意味を説明したが，ここで改めて**信頼性管理**(reliability management)を次のように定めておく．

「市場の信頼性品質のニーズと事故・故障などの品質情報を収集・分析して，信頼性目標を立て，これを実現するために，情報収集，企画から生産，販売，運用の各段階を一貫して各部門の協業の下に，PDCAの管理のサイクルを回して管理を推進し，信頼性目標を達成して，顧客と社会に信頼性を保証する活動」

本章では，このような信頼性の意味と信頼性向上と維持のための信頼性の管理活動を企業現場の視点に立って述べる．

4.1　信頼性の役割

(1)　簡単な信頼性の意味―基本的な信頼性―

われわれは日頃より高機能の自動車や便利な家庭電化製品など，耐久消費財とも呼ばれる多くの消費生活用製品に囲まれて豊かな生活を送っているが，同時に，これらの製品が「長持ち」して「故障が少ない」という要求を常に抱いているはずである．しかし，買い手(とくに一般消費者)にとっては，長持ちして故障が少ないか否かなどという信頼性に関する品質の是非は，ひと目ですぐにわかる色とか性能という一般の品質とは違って，その製品を2，3年使ってみなければわかるはずがない．さらに，故障には軽微なものと，社会に損害を及ぼす重要なものがある．重要なものは，これを未然に予測して社会に対して信頼性を保証することが信頼性向上活動の役割となる．

（２）　信頼性管理と未然防止

さらに今日，高度技術によって開発された多くの複雑な大規模システムが交通・通信やエネルギー供給事業などの社会インフラの一環を形成して，われわれが営む事業や日常生活を支えているが，これらのシステムに突発的に発生する故障が望ましくない事故に波及して社会に大きな損害と不安をもたらすことがあってはならない．

このような事故・故障を未然防止するには，信頼性目標を設定する品質保証体系の源流段階において，古くは1960年代のNASAのアポロ計画（§1.3(3)，p.23）の時代から多く現場で役立てられたデザインレビュー（DR）やFMEA・FTAなどを基礎とする信頼性手法（詳しくは第５章）を十分に活用して早期に信頼性の問題点を摘出し，これらの是正措置を進めなければならない．

重大な品質問題や事故・故障が発生した後に，その品質の失敗を「それは超知見の技術であったが故に…」とか「それは想定外の天変地異による環境変化による…」などと釈明することを少なくするためにも信頼性管理活動の推進が望まれる．

（３）　未然防止と重点管理

重大な問題（品質の失敗や事故・故障）を未然に防止するには，問題となる事象を明確に予測して，それらを社会に対する影響の大きさ（例えば，損害や不安度の大きさ）と頻度によって評価しなければならない．このような課題に対しては，すでに第２章（§2.4(2)の3），p.49）でも説明したように重点指向によって臨まなければならない．単に“事故を起こすな”とか“安全を確保せよ”というだけでは，信頼性管理は総花式のものとなり，この管理は信頼性管理に対する不信を招くだけのものとなる．

反面，信頼性管理が十分に功を奏して，万事が上手くいっているとき，問題の発生の未然防止を支えている管理の実態や問題点は現場から離れた経営の視点からは，見え難くなることがある（[17]，§4.3.1，p.78 参照）．このとき，いわゆる“安全神話”が罷り通るのである．この信頼性管理が経営トップをはじめとする関係者の日夜の努力によって維持される実態を常に把握していることが，信頼性管理の基本である．

（4） 信頼性とコスト

一般に，“信頼性を高める”には，“それだけおカネ(金)をかければよい”と簡単に考えられがちであるが，現実の現場ではQCDの同時達成を目指して組織の力と協業態勢の下に技術の叡智を結集して製品の信頼性向上に努力しているのである（§3.3(1)，p.62 及び [17]，pp.72-73）．よく，「コストと信頼性のトレードオフ」とか「コスト vs. 信頼性」という言葉を聞くが，この考え方をそのまま肯定すれば，そこで技術の進歩は止まってしまう（さらに[17]，§4.1.4，p.72 参照）．

1960年代に自動車の欠陥問題が初めて訴求されていた頃の話である．皮肉を込めてある技術者のグループが完全に無欠陥といえる乗用車の構想設計を試みたところ，図面に現れたのは戦車のような車となっていたという．自動車のタイヤはパンクする可能性があるから，四輪タイヤはキャタピラによっておきかえられたのであろう．

信頼性研究は，本来，“故障を少なくするための科学”を目指して発達してきたために，信頼性手法は単に“守り”のための科学的管理技術とみられることが少なくないが，その実，この技術は新製品開発を裏で支える“攻め”の重要な役割の一端を担っているのである．信頼性技術が未熟で，設計段階で設計変更が散発するようであれば，開発納期が遅れるばかりではなく，コストが増大することになる．さらに，企画や開発・設計の源流段階において重要な信頼性課題を看過して，量産段階になって市場において製品の信頼性不具合が初めて顕在化することになれば，事態は一段と深刻になる．

（5） 信頼性の学習の重要性

一般に，信頼性を向上するには，前項でも説明したようにそれだけ費用がかさみ，その上，長い開発期間を要すると皮相的に見られがちであるが，これは必ずしも正しくない．日頃より，内外の信頼性向上事例を学ぶなど，信頼性の管理技術を磨き，高品質・高信頼性の製品を生み出す開発力を高め，同時にこの活動によって納期（日程）とコストの管理を円滑に推進することは豊かな社会を目指す道といえる．品質管理を学び品質保証を基礎とする信頼性研究と信頼性の学習が求められる所以でもある．ここで，これと同じ趣旨を述べているデミングの品質管理に関する名言を紹介しておこう．

“Productivity goes up, as quality goes up. This fact is well known, but only to a select few”…（このデミング先生のお言葉は近藤[10]，p.8 による[1]）

4.2　信頼性の意味

すでに冒頭に述べたように，信頼性という用語は日常生活においてもよく用いられている．ここでは，信頼性とは“（主として人に対して）信じて頼れる性状，度合”と解してよいが，本節では信頼性を作り込む企業の視点に立って信頼性の意味を次の信頼性の三つの構成要素，

①　基本的な信頼性

②　保全性

1）　和訳：“品質が向上すれば，生産性も向上する．この事実は当然なことではあるが，限られた者にしか知られていない”．

③　設計信頼性

に分けて，各項目を以下の(1)，(2)及び(3)の各項において，具体的に詳しく説明する．

(1)　基本的な信頼性

「長持ち」して，「故障が少ない」という性質(§4.1(1)，p.76)であり，この項では，一番理解しやすい「長持ち」するという意味と，「故障が少ない」ことの概念を数値例を用いて具体的に説明する．このため，対象とする製品やシステムを次のような非修理アイテムと，修理系[2]に分けて説明すると便利である．

1)　非修理アイテム

一般に，“使い捨て”モノとか“ワンショット”モノと呼ばれている電球，電子部品やねじなどは非修理アイテムである．これらが「長持ち」するか否かを表す信頼性特性(以降は，これらを**耐久性**(durability)という)は，**図4.1**に示す寿命分布，**信頼度**(reliability)，**平均故障寿命**(*MTTF*；mean time to failure)及び**ビーテンライフ**(B_{10}；be ten life)によって評価される．以下にこれらの数値例を示しておく．

ある部品Aの50個の寿命データ(正確には大きさ $n = 50$ の標本値)を度数表に整理して，これをヒストグラムによって図示したものが図4.1である．各時間区間の度数 f_i を柱の高さに等しくしてある．このヒストグラムの形状を寿命分布として見れば([註4.1]，p.106)，部品Aの耐久性は一見して明らかになろう．

また，顧客・社会より必要とされる期間を意味する**使命時間**(mission

---

2)　非修理アイテム：電球，タイヤ，電子部品(主に，単一ユニットといえるもの)．
　　修理系：自動車，航空機，自動機械(大規模システムが多い)．

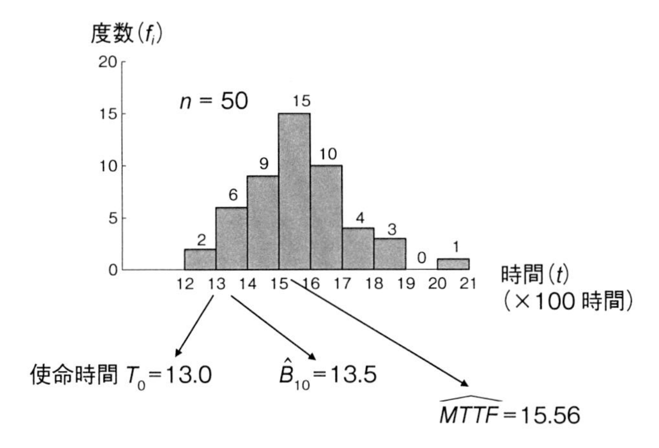

図 4.1　部品寿命値のヒストグラム

time)を $T_0 = 13.0 \times 100$ 時間とすれば信頼度は，

$$\widehat{R_0} = 48 \div 50 = 0.96$$

と推定され，$MTTF$ は，

$$\begin{aligned}\widehat{MTTF} &= (12.5 \times 2 + 13.5 \times 6 + \cdots + 20.5 \times 1) \div 50 \times 100\text{時間} \\ &= 15.56 \times 100\text{時間}\end{aligned}$$

である．最後に B_{10} は，$t = 0$ より数えて $n = 50$ に対し累積度数が 5(全体の 10%)となる時点[3]として推定され，それは区間(13，14)の中心点であるから，

$$\hat{B}_{10} = 13.5 \times 100\text{時間}$$

となる．ここで，記号 ^ は，右辺の数値は推定値($n = 50$ の標本値による)であることを意味している．

---

3)　B_{10} の B はベアリング(Bearing)の B，添字の 10 は 10%点を表す．開発目標としては，B_1，$B_{0.1}$ などが用いられることが多い．

2)　修理系

次に，修理系とは，自動車，電車やコンピュータのように故障しても修理・修復して故障前の状態で再稼働するシステムをいう．このようなシステムはその“故障が少ない”という信頼性特性を「単位時間当りの故障の発生率(または回数)，つまり**故障率**(failure rate)」で表わし，故障の出やすさを評価する．例えば，あるシステムの故障率 λ が一定で $\lambda = \dfrac{2\%}{100\text{時間}}$ ならば，これは100時間当たりの故障発生確率は2%であることを意味する．つまり，1時間当たりの発生確率は0.02%となる．

また，この故障率の逆数 $\dfrac{1}{\lambda}$ を平均故障時間間隔($MTBF$)という．上記の $\lambda = \dfrac{2\%}{100\text{時間}}$ の場合は，

$$
\begin{aligned}
MTBF &= \frac{1}{\lambda} = (100\text{時間}) \div (2\%) \\
&= 100\text{時間} \div \frac{2}{100} = 5{,}000\text{時間}
\end{aligned}
$$

となり，これは5,000時間に1回の割合で故障が発生することを意味する．つまり λ と $MTBF$ との間には $\lambda = \dfrac{1}{MTBF}$ という関係がある(**図4.2**)．

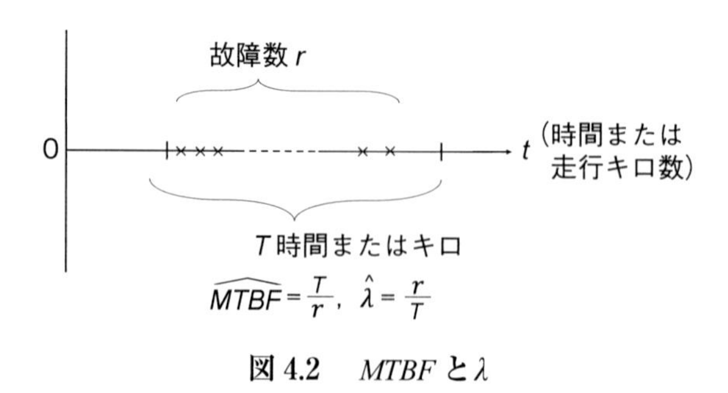

図4.2　$MTBF$ と λ

これまで，修理系についてその故障率は当該システムの稼働時間 t に関係なく一定で，その値は λ であるとの前提で説明してきたが，この故障率は $\lambda(t)$ とおいて，時間 t によって変わると考えるのが自然である(**図 4.3**)．ここで故障率の意味を JIS Z 8115：2000 によって「当該時点でアイテムが可動状態にあるという条件を満たすアイテムの当該時点での単位時間当たりの故障発生率」とより正確に定めておこう．すると，この修理系が時点 t において稼働状態であるという条件の下で，次の微小な時間 t と $t+\Delta t$ の間に故障が起こるという条件付故障発生確率は，$\lambda(t)\Delta t$ となるのである([18]，p.250 参照)．この図 4.3 に示す故障率曲線 $\lambda(t)$ の形状はバスタブ曲線(bath-tub curve)と呼ばれ，これは，①**初期故障型**，②**偶発故障型**，③**摩耗故障型**の三つの故障パターンによる曲線によって構成される．初期故障はシステムの稼働立ち上がり期に発生するもので，摩耗故障は経年劣化によるものと説明される．

通常，システムの立ち上がり期には慣らし運転により初期故障を除去(これをデバギング[4]という)し，また摩耗故障の発生する前にシステム

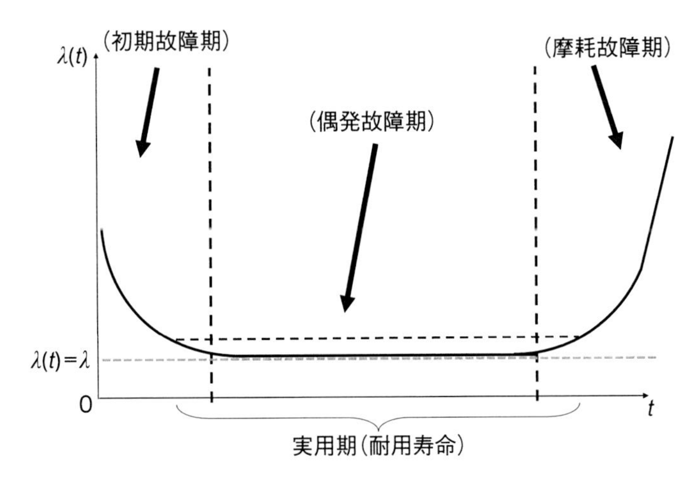

図 4.3　バスタブ曲線

はオーバーホール(over haul；OH と略称する)を行うので，システムは図 4.3 のように故障率がほぼ一定である偶発故障期(つまり，$\lambda(t) \simeq \lambda$ といえる期間)に実用に供されると考えてよい(註[4.2]，p.107).

1950 年代に，信頼性データを取り扱っている現場の担当者には“複雑な大規模システムをこまめなオーバーホールなどによって再生(リニュー，新品同様にすること)を試みると，却ってシステムに発生する故障は増えることがある”といういくつかの現象が経験的にわかっていたという．例えば 1950 年代の朝鮮事変のときに，当時の国連軍のアメリカ戦闘機は定期的にオーバーホール(OH)したものより，OH を省略して作戦に従事していたものの方が故障がはるかに少なかったという話は有名である．この現象は図 4.3 に示したバスタブ曲線の OH の後に発生する初期故障の存在で容易に説明できる(詳しくは[17]の図 6.17, p.133)．このため，航空機保全の分野では，TARAN(タラン，Test And Repair As Necessary —テストは必ずしなさい，そして修理は必要なときのみに)方式[5)]がこの頃に提唱されていたのである．さらに，このような事実により信頼性の理論の重要なことが広く認識され，信頼性理論の研究が急速に進むようになったのも，この頃以降のことである．

(2)　保全性

1960 年代に入り高度技術社会が形成されるようになると，家庭には家電製品や自動車など耐久消費財が広く普及し，また，事業・社会サービス分野においては航空機や生産設備などの生産財の活用が国家経済の成長を左右するようになって来た．このような時代に，この社会の信頼を確実なものにするには，単に，“故障が少なく，長持ち”するという(1)

---

4)　デバギング(debugging)は害虫を取り除くこと．bug は虫のことをいう．

5)　アメリカ空軍では，IRAN(アイラン，Inspect And Repair As Necessary)方式という．

項で説明した基本的な信頼性だけに頼るのではなく，さらにこれら複雑なシステムの運用・使用段階において，

① 各システムの使用・運用の段階において，システムの運用機能や品質を適時に点検して，機能を望ましい状態に維持する
② 望ましくない故障が生じる可能性があるとき，事前にこれを予知して対応する
③ 致命的でない故障が発生したときには，これをなるべく短い時間で修復する

という保全活動が重要な役割を果たすのである．

事実，現在，われわれが安心して利用している航空機や新幹線の信頼性は日夜に亘る保全活動に依存して維持されている．すなわち，基本的な信頼性に保全性を併せた**信頼性**が登場することになったのである[6)]．

1）保全，*MTTR* とアベイラビリティ

「保全」の活動は，各業種の現場では，それぞれの伝統やしきたりによって多様な形態のものとなっており，その名も保全ではなく「整備」とか「保守」，場合によっては「検修」などと呼ばれている．ここでは**保全**(maintenance)を JIS の用語に準拠して次のように定めておこう[7)]．

「アイテムを使用及び運用可能な状態に維持し，又は故障，欠点などを回復するためのすべての処置及び活動」

さらに，上の保全を実行できる能力を**保全性**(maintainability)という．保全性を高めるには，定期保全などによって適確に故障を予知して未然にこれを防止する(予防保全)とともに，発生した故障に対しては，

---

6) 1971 年より開催されている「信頼性・保全性シンポジウム[C-4]」(Relibility & Maintainability Symposium；R&MS)では基本的な信頼性と保全性を併せた信頼性(R&M)を対象としている．
7) JIS Z 8115：1981(JIS の旧版)による．

これをなるべく短い時間で修復することが求められる．この項では，保全性を評価する基本的な尺度として**平均修復時間**(*MTTR*；mean time to repair の略)と**アベイラビリティ**にふれておこう．

MTTR とは，アイテムに発生した故障の原因を取り除いて，これが元の状態に修復するまでの時間の平均をいう．この修復時間は，主に，①故障部位同定に要する時間，②交換・補修部品の調達に要する時間，および③調達後の交換・調整に要する時間，とからなる．このため，*MTTR* を小さくして保全性を高めるために，企画・設計の段階において，

① IoT(Internet of Things)及び状態監視活用による故障兆候の把握と故障部位の同定を容易にする工夫

② 交換・補修部品の迅速調達のために，標準部品の採用，部品共通化を図ること

③ プラントなどの3次元CADによるユニットレイアウトの事前検討による補修作業容易性，ならびに誰もが交換でき調整不要な部品・ユニットのブロック化などの工夫

などを事前に検討することが大切である．

さらにこのとき，保全作業を安全に為しうるよう，システムの電源をOFFにしないと作業ができない工夫や交換時に突然電源がONにならない工夫など，安全への配慮も必要である．また，上記の工夫とともに，現場に到着した保全要員が，故障の現象を見て即時に故障部位を同定し，原因を正しく判定して修理にかかれるように教育・訓練することも大切である[8)]．

基本的な信頼性とここで述べた *MTTR* を併せて，信頼性を評価する

---

8)　このために，想定される故障に対して故障の木解析，つまりFTA(§5.4(2)，p.121)を行って要員の技能向上に力を入れているところもある．

大切な尺度として**アベイラビリティ**（A：availability）が重用されている．アベイラビリティとは簡単にいえば，

「修理系がある期間において，その状態を維持している時間の割合」

または，

「修理系が規定の時点で機能を維持している確率」

である[9]．したがって，アベイラビリティ（これを A と書く）は，

$$A_o = \frac{\sum_{i=1}^{n} u_i}{\sum_{i=1}^{n} u_i + \sum_{i=1}^{n} d_i} \tag{4.1}$$

となる．ここで，$\sum_{i=1}^{n} u_i$ と $\sum_{i=1}^{n} d_i$ はそれぞれ，動作可能時間 u_i と動作不可能時間 d_i の n 期間に亘る総和である（**図 4.4**）．

また，簡単な計算式として A は，

$$A_i = \frac{MTBF}{MTBF+MTTR} \tag{4.2}$$

と求めることもある．ここで，$MTBF$ を用いていることからわかるように，この式は偶発故障のみのパターンの修理系に適用される基本的なものである．また，この式(4.2)の意味は A_o を示す式(4.1)の分母，分子

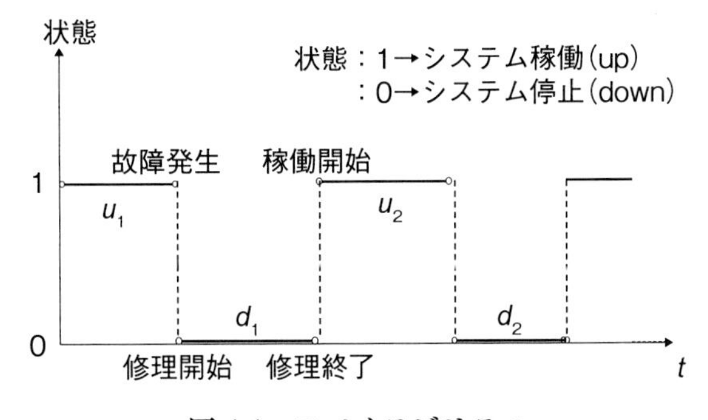

図 4.4　アベイラビリティ

9)　JIS Z 8115：1981.

を n で割り，$n \to \infty$ とすれば容易に理解されよう．とくに，A_o は運用アベイラビリティ(operational availability)，A_i は固有アベイラビリティ(inherent availability)とも呼ばれている．

一般に，あまり慣用的ではないアベイラビリティという用語は「稼働率」とも呼ばれることがあるが，後者の算出式の d_i には，プラントは動作可能であっても生産の都合上プラントが停止している時間も含まれているので注意しなければならない(詳しくは市田[5]，p.8)．

2)　予防保全と事後保全

保全には，その実施と目的によって，①**予防保全**(PM；preventive maintenance の略)と，②**事後保全**(CM；corrective maintenance の略)とに大別される(JIS Z 8115：2000 による)．以下において，この二つの保全について説明する．

①　予防保全

予防保全とは，望ましくない事故・故障を事前に防止する保全活動をいう．そして，この予防保全はわれわれの日常生活の安全を護る大切な役割をも担っている．この予防保全には**図 4.5** に示すように時間計画保全(主に定期保全)と状態監視保全とがある．

定期保全に関する信頼性の身近な例としては，自動車の「車検」を挙げることができる．これは法令(道路運送車両法)によって定期的に自動

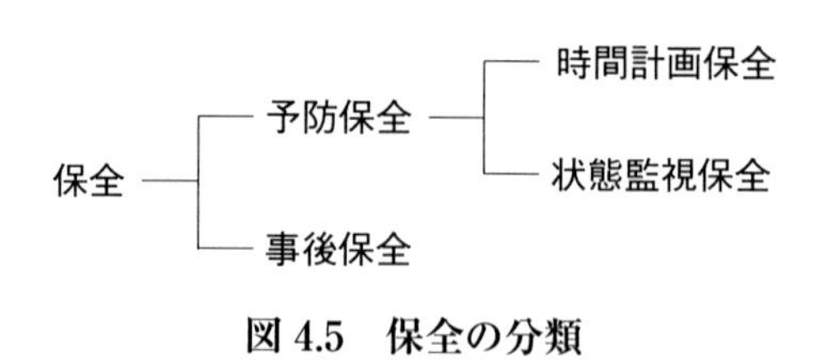

図 4.5　保全の分類

車の検査，補修を実施するものである．また，家庭においてもガスや電気設備に対して法令に定める所によって定期検査が実施されているが，これも予防保全である．一方，生産現場においては設備やプラントに対して，それぞれ法令によるものと，独自に定めた定期保全(点検ということもある)とが実施されている．

状態監視保全の身近な例として，ガス警報装置を挙げることができる．これはガス機器のいずれか・どこかに発生した欠陥によるガス漏れを常時，検知監視している機器といえる．ここで，状態監視保全とは，正確にいえば，運用システムの望ましくない故障の状態を示す代用特性(モニター値)を監視し，この結果によって部品取替や修理などを行う保全をいう．生産現場などでは，設備の故障や不具合を設備の発する異音や振動を優れた保全装置が感知したり，計測器でモニタリング(監視)して状態監視保全を行うことができる．例えば，航空機のエンジンより潤滑油を適時抽出し，これを分光分析器によって分析してエンジンの劣化状態をモニターするSOAP[10)]方式も有名である．

ここで，予防保全の身近な例を人間の健康を対象にしてわかりやすく説明することにしよう．例えば人間ドックにて幸いにも癌の早期発見ができれば多くの場合，人命は救われる．自覚症状が出たあとからの発見が手遅れになることは周知の通りである．したがって，この人体の予防保全にも同様に，次のような診察がある．毎年誕生日に定期的に人間ドックを受診する場合が前者の時間計画保全(正に定期保全である)，血液や尿による腫瘍マーカのチェックを適時に行うことが後者の状態監視保全にあたる．

10) spectronic oil analysis program の頭文字．

②　事後保全

故障ありきより始まる事後保全は，故障による損失影響の最小化につとめるとともに，システムを早く修復して顧客の要求に応えなければならない．このため，前の1)目で説明したように，*MTTR*を小さくするとともに，**ブロック取替**という当該故障部位を含むブロックを，故障後ただちに新品ブロックに取り替える方式も設計段階に取り入れられることもある．この方式によれば，不調なブロックはただちに新品に交換されて，ブロックはベンチで十分にその故障部位の原因究明(故障解析，§5.3，p.116)に当てられるという利点がある．

3)　保全技術者の役割

ここで，保全要員・技術者は単なる“修理屋”と解してはならないことを説明しておこう．運用中，稼働中のシステムの裏に潜在する重大故障の前兆要因を，現場の日頃の経験と技術教育によって，確かな目によって感知するのは保全技術者である．そればかりではない，さらに保全を担当する技術者は，システムの使用・環境条件を調査し，これによってシステムの故障の現象と，故障に至るまでの故障のメカニズム(§5.3，p.116)を把握して，これを開発・設計担当部門にフィードバックしなければならないからである(品質保証体系，§3.3(2)の4)，p.66)．ここにいう保全技術者の理想像は，“黙って座れば，ピタリと当る”診断を下す名医の姿に近いものであるといってもよい．

(3)　設計信頼性

本節の(1)と(2)項において説明した基本的な信頼性と保全性は，いずれも時間tの経過を中心に据えて考えられる信頼性特性である．つまり，この信頼性とはtの関数である品質Q_t，$0 \leq t < \infty$，の品質管理ともいえる．

しかし，われわれの生活を支える信頼性の向上を目指すには，時間 t に依存しない品質の側面にも目を向けなければならない．それは，企画・開発の段階で考慮されるべき，冗長系や人的使用環境要因及び自然環境(天変地異)によるストレスなどを考慮した信頼性である．

1)　冗長系—安全指向の設計(その1)—

§1.3, p.21 において，部品の信頼度が0.999であっても1,000個よりなる部品システムの信頼度 R は，

$$R = (0.999)^{1000} \fallingdotseq 0.372$$

となり，その信頼度は大幅に低減することを学んだ．ここでこのようにシステムを構成する全ての要素が正常に機能するときのみシステムが正常に機能する場合を**直列系(直列システム)**と呼ぶ．例えば，**図4.6**の(1)に示すコンポーネント A_1，A_2 による系は直列系である．A_1 と A_2 の故障は互いに確率的に独立に生起するものとして，A_1 と A_2 の信頼度をそれぞれ R_1，R_2 とすれば，この系の信頼度 R は，

$$R = R_1 \times R_2$$

と計算される．すなわち，この系の信頼度は各要素の信頼度の積として表されている．

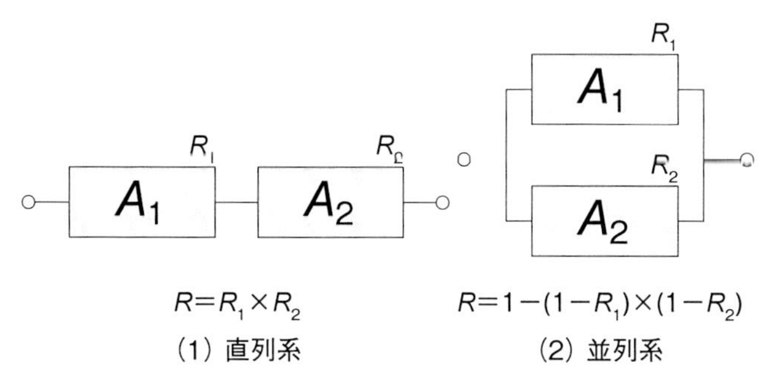

図4.6　直列系と並列系

高度の信頼度が求められるシステム(コンポーネント)に対してはそれ自身の信頼度を高くする代わりに，企画と設計の段階において信頼性の向上を目指して機能を同じくするいくつかのコンポーネントを用意することにして，これらを用いて冗長系を構成することの方が遙かに得策であることがある．ここで**冗長系**(redundant system)とは，同じ機能を有するいくつかのコンポーネントを用意し，信頼度を高めるためにこれらを複数個使用して構成した系をいう．冗長系には，

① 並列系

② m/n 冗長系

③ 待機冗長系

などがよく知られている(§4.4，p.98参照)．例えば，図4.6の(2)に示すコンポーネントA_1とA_2による系は**並列系**(**並列システム**)である．この系ではA_1とA_2の故障は，再び互いに確率的に**“独立”**に生じるものとし，A_1とA_2の信頼度をそれぞれR_1，R_2とすれば，この系の信頼度Rは，

$$R = 1 - (1 - R_1) \times (1 - R_2) \qquad (4.3)$$

と計算される．いま，各コンポーネントの信頼度が$R_1 = R_2 = 0.90$であっても，Rは，

$$R = 1 - (1 - 0.90) \times (1 - 0.90) = 0.99$$

となり，システムは高い信頼度を確保することができる．

しかし，ここで留意しなければならないことは，下線を付した文言にいう“独立性”である[11]．この意味を十分に吟味しないで，例えば，現地においてコンポーネントA_1とA_2を単に一つの室に並列に並べて設置すれば，洪水や落雷のような天変地異に際して，A_1の故障時にA_2

11) “確率的に互いに独立”という詳しい意味は，確率統計の書物，または，[18]，p.247を見るとよい．

も同時に故障・不稼働となることは否定できない．つまり A_1 と A_2 の間には独立性が成り立たないばかりか，並列系の意味がないのである．

2)　フェールセーフとフールプルーフ―安全指向の設計（その2）―

社会生活の中に役立てられている各システムは，その故障による社会への直接的影響を緩和/除去するという設計によって“社会信頼性”を高めている．

家庭における電気回路に過電流が発生したとき，これを感知して回路を切って火災を阻止する遮断器（ブレーカ）はフェールセーフの最も身近な例である．つまり，“システムの一部の故障（フェール）がシステム全体の重大欠陥に及ばないように，安全（セーフ）状態を維持する”設計上の性質を**フェールセーフ**（fail safe）という[12]．また，新幹線のぞみ700系のブレーキ系に指令を出している自動制御装置は，三重系となっており，この3つの系統のうち少なくとも2つの系が故障すれば，系の指令が一致しないためブレーキが自動的に作動して電車は停止するようになっている．

ここで再び，家庭内のシステムを考えよう．操作に人間が介在しているガスレンジでは，燃焼台の上に鍋ややかんを置かないで点火操作をしても，その燃焼台では火がつくこと（炎が出ること）はない．これは人間に過失（フール）があっても，着火はしないという仕組みによって安全が維持・証明（プルーフ）されている．また，われわれが日常利用している電車では，速度を落として通過しなければならない急カーブの路線部では，誤っても速度が超過しないように自動列車停止装置（ATS）が設置されている．

このように，人間の介在するシステムにおいて，“人間の不適切な操作・過失があっても，これがシステムの安全性には波及しないような仕組み”を**フールプルーフ**（fool proof）[12]という．生産作業を行っている生産現場では，作業者の作業ミス(フール)を機械的に阻止する多くのフールプルーフの装置が工夫・設置されている例を見ることができる．

3)　構造信頼性—安全率と信頼度—

構造体や機材・コンポーネントに印加される荷重や電圧などのストレスに注目して，ストレス—強度モデルを考察するとき，ストレスがある限界値に達すると瞬時に機材は破損に至るとする**限界モデル**と，繰り返し応力(ストレス)による疲労が蓄積してコンポーネントが故障すると考える**耐久モデル**とがある．本目では，前者の限界モデルに対し，外部応力 Y が機材強度 X を超えるときに故障が発生するとして，構造信頼度 R を，

$$R = 1 - P_r(X \le Y) = P_r(X > Y) \tag{4.4}$$

と定める**構造信頼性**を説明する．一方，耐久モデルには，累積するストレスによって定まる寿命値を定めるマイナー則とアレニウス則がよく知られている(詳しくは，[17]，p.175，p.206，及び日本信頼性学会編[A-4]，第21章参照)．

今，機材強度 X と外部応力(ストレス) Y はそれぞれ次の正規分布，

$$X\,;N\,(\mu_R,\ \sigma_R^{\ 2}),\ \ Y\,;N\,(\mu_s,\ \sigma_s^{\ 2})$$

に従い(**図 4.7**)互いに確率的に独立な変数とすれば，式(4.4)によって定まる信頼度 R は，規準化された正規分布の累積分布関数値 $\Phi(z)$ を用いて，

$$R = \Phi\left(\frac{\mu_R - \mu_s}{\sqrt{\sigma_R^{\ 2} + \sigma_s^{\ 2}}}\right),\ \text{ただし}\quad \Phi(z) = \frac{1}{\sqrt{2\pi}}\int_{-\infty}^{z} e^{-\frac{u^2}{2}}du$$

と書ける．ここで，

$$\nu = \mu_R/\mu_s$$

12)　これらの用語説明はJIS Z 8115：2000を参照して作成した．

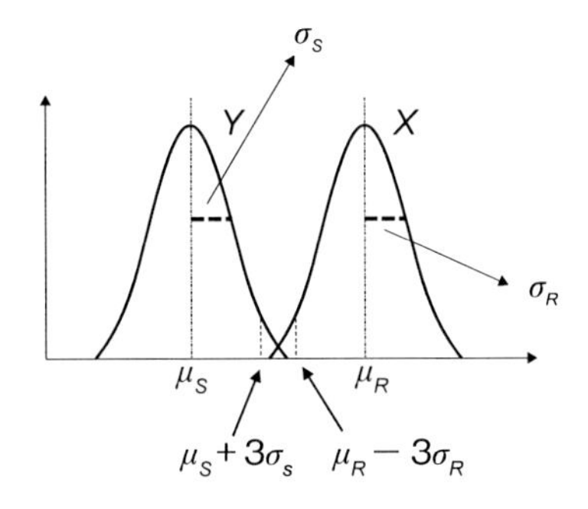

図 4.7　信頼度 $R = P_r(X>Y)$ と安全率の意味

を**安全係数**,

$$S_F = (\mu_R - 3\sigma_R)/(\mu_s + 3\sigma_s)$$

を**安全率**という(図 4.7). ν または S_F を定めると信頼度 R が算出されることになるが, 高度の安全性を指向する NASA では, 宇宙ロケットに対しては有人飛行のとき $S_F = 1.4$, 無人飛行に対しては $S_F = 1.25$ と設定しているという.

因みに, ここで上の正規分布の諸元を,

$$\mu_R = 1.5,\ \mu_s = 0.8,\ \sigma_R = 0.05,\ \sigma_s = 0.1$$

と置けば, 安全係数と安全率はそれぞれ,

$$\nu = 1.5/0.8 = 1.85,\ S_F = 1.23$$

となり, $\Phi(z)$ の値は正規分布の上側確率の表(例えば[18]の付表 1, p.258)より読めるので信頼度 R は, $\Phi(6.3) \simeq 1$ となり($z = 6.3$ の値は中心より 6σ(シックスシグマ)以上離れている), ほぼ 1 に等しいゆえ理論上は高度の信頼度が確保されていることになる. しかし, 図 4.7 に示す確率分布と現実の乖離を考えれば, この信頼度の値はあくまでも目安として算出されたものとなることに留意しなければならない.

4.3　安全性と信頼性

（1）　安全の意味と信頼性

信頼性を話題にするとき，“安全性と信頼性”という用語が出てくることが少なくない．事実，航空機を利用して海外に出かけるとき，搭乗している航空機のエンジンが飛行中に故障すれば，この信頼性の欠如は安全性の大きな阻害要因となるのである．

一方，「安全」という用語を辞書で調べれば，これは「安らかで危険のないこと」(『広辞苑』)とか，「物事が損傷・損害・危害を受けない，または受ける心配のないこと」(『岩波国語辞典』)となっている．このように安全という用語は一般には，国際間の安全保障とか，社会における安全衛生管理のように広い意味に用いられている．しかし本書では工業製品，生産設備や一般消費生活用製品を対象とする範囲で安全性を考えているので，これをJIS(日本工業標準)に準拠することとし，ここでは**安全**(safety)を次のように定める．

「人の危害又は資(機)材の損傷の危険性が，許容可能な水準に抑えられている状態」(JIS Z 8115：2000，ディペンダビリティ用語)

及び，

「受容できないリスクがないこと」(JIS Z 8051：2004，安全側面—規格への導入指針)

さらに，旧版のものではあるが，ここでは備考として信頼性と安全性の区別にもわかりやすく言及しているので，以下に記しておく．

「人間の死傷又は資材に喪失もしくは損傷を与えるような状態がないこと．

（備考）　信頼性では任務遂行のため機能上の故障を対象にするが，安全性では人間・資材に損失・損傷を与える危険な状態を対象とする」

(JIS Z 8115：1981，信頼性用語)

ここでは，一般には生活慣習的に広い意味に解されている安全の概念を明確にするために，JISのいくつかの文言を引用することにした．

ここでとくに信頼性と安全性の関係を明示した“(備考)”を考察しよう．これによれば，高速道路を疾走している自動車にブレーキや制御装置に故障が発生すれば，この信頼性トラブルは安全性問題にかかわることになるが，一方，この自動車の信頼性が100％保証できるとしても，運転者が飲酒していれば，安全の問題は放置できない．

(2)　ハザードと安全性

システムの安全性が高いとか低いというような定性的な表現をより具体的に論じるために，**ハザード**(hazard)という概念を導入することにしよう．ハザードとはJISにおいては簡単に，

「危害の潜在的な源」(JIS Z 8051：2004)

と定めているが，ここでは，これをわかりやすく，

「危害をもたらす可能性のある潜在的状況・要因，またはそのシナリオ」

と考えることにする[13]．例えば，

① 交通量の多い道路際に敷設してあるガス管の腐食

② 複雑な運転・運用中のシステムにおいて緊急制御が必要となる事態

などはハザードである．

このシステムに関連するハザード(これをh_i，$i = 1, 2, \cdots, n$と書く)をすべて摘出して，各ハザードに対して，その発生頻度f_iと，ハザードによってもたらされる危害(harm)の大きさc_iを評価すれば，ハザードを具体的に，

13)　hazardは英語の辞書では，危険(danger)，冒険(risk)の他に「危険をもたらすもの(原因)」(『新英和大辞典』)と記述されている．

$$(h_i,\ f_i,\ c_i),\ i = 1,\ 2,\ \cdots,\ n$$

と表わすことができる．したがって，このシステムの安全性を高めるには重要度の高いハザードより順次，各ハザード h_i について検討して，

① 技術的な改善を進めて頻度 f_i を小さくする．できれば h_i を除去する(このとき，$f_i = 0$ となる：発生防止の方法)

② ハザードによる事故の人的物的な危害の大きさを調査して c_i を除去あるいは小さくする方策を考える(影響防止・影響緩和の方法)

という方策をとればよいことがわかる．

4.4　基本的な二つの信頼性の数理モデル

信頼性の意味は§4.2(p.79)において説明したが，信頼性の向上を目指す方策を理解する上で基本となる，システムの「冗長系」と，非修理アイテムの耐久性を考察するために必要な「故障率」の二つの項目について説明する．

(1)　冗長系

複雑な大規模システムは多くのコンポーネントによって構成されて一つの機能を果たし，**図4.8**(1)の直列系(これは§5.1(2)，p.112で説明する信頼性ブロック図ともいえる)に表示される．このとき，各コンポーネントの信頼度を R_i とし，これらの故障が互いに確率的に独立に発生するものとすれば，このシステムの信頼度 R は，

$$R = R_1 \times R_2 \times \cdots \times R_n$$

となる．すでに§4.2(3)(p.90)で述べたように，各 R_i の値が十分に1に近くとも，R の値は高い信頼度を確保することは困難である．このため，いくつかの同じ機能を有するシステムを用意して並列系のシステムを作って信頼度を満足なものにしなければならない(図4.8の(2))．こ

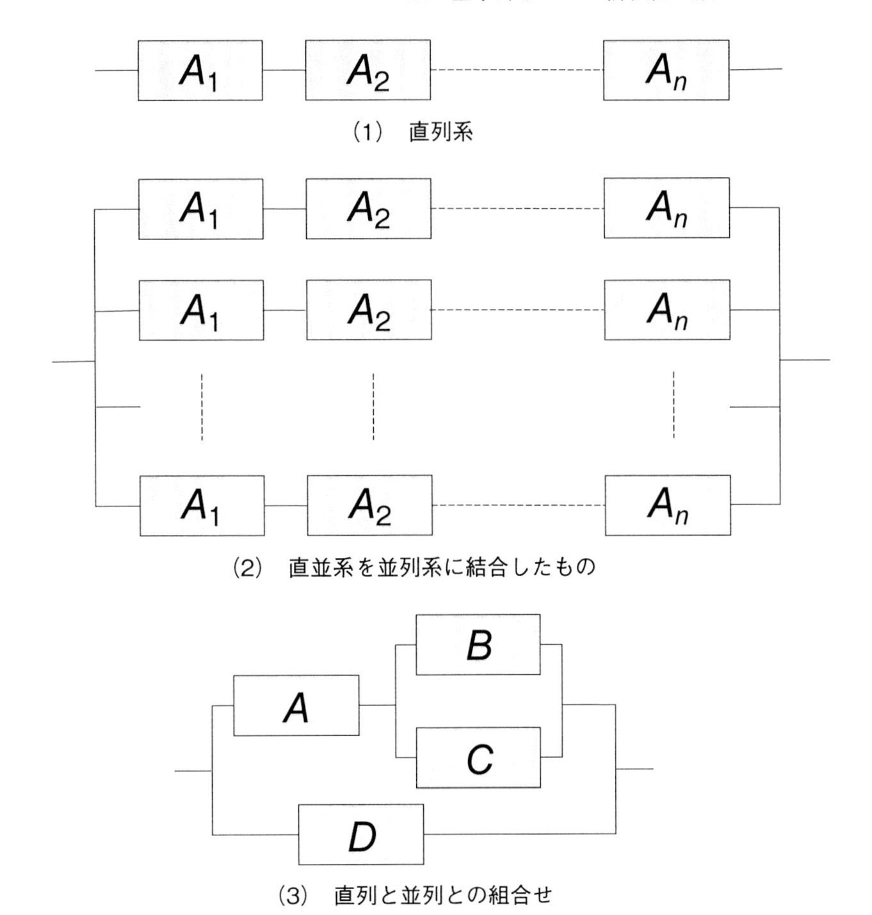

図 4.8　直列系と並列系の組合せ

こで，図 4.8 の(2)をもっと一般的な形にしたものが図 4.8 の(3)に示す直列と並列とを組み合わせたものである．

また，図 4.8 のようには図示することはできないが，m/n 冗長系は重要な役割を果たしている．m/n 冗長系(m-out-of-n：G system)とは，n 個のシステム(構成要素)のうち少なくとも m 個が作動可能(G；good と表示)なら，この系は作動可能，つまり G であるように構成された系のことをいう．具体的には，§4.2(3)(p.93)で説明した“新幹線のぞみ700系”の三重系となっている自動制御装置は“2-out-of-3：G”のシステムといえる．航空機でも，4基のエンジンを搭載している場合，2基のエンジンが可動であれば，この航空機は飛行可能(これをGと考える)と仮定すれば，このシステムは2/4冗長系といえ，各エンジンの故障発生事象の独立性を仮定し，その上，それぞれの信頼度をRとすれば，この航空機の信頼度$\boldsymbol{R}$は確率の計算式で，

$$\boldsymbol{R} = R^4 + 4R^3(1 - R) + 6R^2(1 - R)^2$$

と求められる．

冗長系と冗長の重要なタイプや概念には，これらの他に待機冗長系，多様性冗長などがある．**待機冗長系**は**図4.9**で示すように，万が一本体Aが故障した場合にただちに待機しているコンポーネントBが作動してシステムの停止を回避せしめるものである．絶対に電力供給を絶つことが許されない大きな病院や研究所には外部電力の停電に備えた緊急自家発電系(ディーゼルエンジン発電やガス発電，コンポーネントB)が用意されている．この場合，AとBの故障発生事象の独立性は，§4.2(3)(p.92)において述べたように，重要な前提要件である．天変地異に際してAとBが同時に停止すれば，Bの待機の意義は消滅することになるからである．

この他に，冗長設計の実施には，一つの機能を実現するのに，複数の

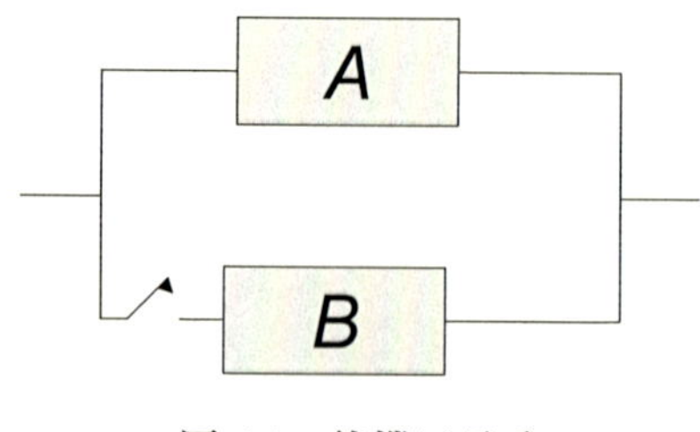

図4.9　待機冗長系

手段を用意するという方法がある．例えば電気式と機械式のように機能達成のメカニズムを異なるものとすることが大切である．これを**多様性冗長**(diverse redundancy)[14]という．これは「異なる手段によって，同一の機能を実現する冗長」(JIS Z 8115：2000，ディペンダビリティ用語)と説明される．この考え方は絶対に失ってはならない機能を保持する上で極めて重要である．

（２）　故障率と生命表の死亡率

コンポーネントの耐久性を評価する尺度の一つとして，その故障率は基本的な概念のものである．また，古くより国民の健康を表示する目安として，また，健康保険の制度を計画立案する数理統計の基礎として，生命表は重要な役割を果たしている[15]．ここでは，修理系の故障率はすでに §4.2(1)の 2)(p.82)で言及したので，非修理アイテムの故障率を説明しよう．その上で，古来より研究されてきた生命保険でも取り上げられている生命表を考察することにしたい．

1)　電子部品などの故障率

まず，§4.2(1)の 1)(p.81)における図 4.1 のヒストグラムを再び観察して，このデータを**表 4.1** の左側の欄に再録する(表 4.1 の A，B，C)．

ここで一例として区間…3 番目の 14 ～ 15 区間，単位は 100 時間…の故障率を算出してみよう．この区間では残存数 42 個のうち，9 個が故障しているので，この区間の期初の残存数に対する故障発生度は，

$$9 \div 42 = 0.214$$

---

14)　航空機の飛行位置を固定する慣性航法装置は，レーザジャイロと機械式ジャイロの双方が使われている．

15)　現在でも生命保険会社においては，actuary(アクチュアリー，保険統計士)は重要職責を担っている．

表 4.1　部品寿命データと故障率の表

	(A) 区間	(B) 残存数	(C) 故障数	故障率 (%/H)
1	12 ～ 13	50	2	0.020
2	13 ～ 14	48	6	0.125
3	14 ～ 15	42	9	0.214
4	15 ～ 16	33	15	0.455
5	16 ～ 17	18	10	0.556
6	17 ～ 18	8	4	0.500
7	18 ～ 19	4	3	0.750
8	19 ～ 20	1	0	0
9	20 ～ 21	1	1	1.000
10	21 ～	0	0	—

(時間は 100 時間単位)

と計算される．これを単位時間当たりの発生率に書き直せば，区間の幅100時間当たりに0.214の割合であるから，これを0.214回/100時間，すなわち0.214(%/時間)とすることができる．同様に各区間の故障率を計算して，表4.1を得る．これを図示して故障率関数を当てはめれば**図4.10**のようになる．

この故障率は単調に増加する故障率曲線によって当てはめられる．つまり，この部品は経年劣化によって故障の出方は摩耗故障のパターンとなっているのである．このように部品などの故障を統計的に分析することによって故障の物理的意味を論ずることができる．

電子部品や機械部品の寿命を論ずるには，ワイブル(Weibull)分布が広く利用されている([註5.3]，p.128)が，この方面の知識を広めるには，[15]や[18]等を参考にされたい．

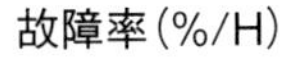

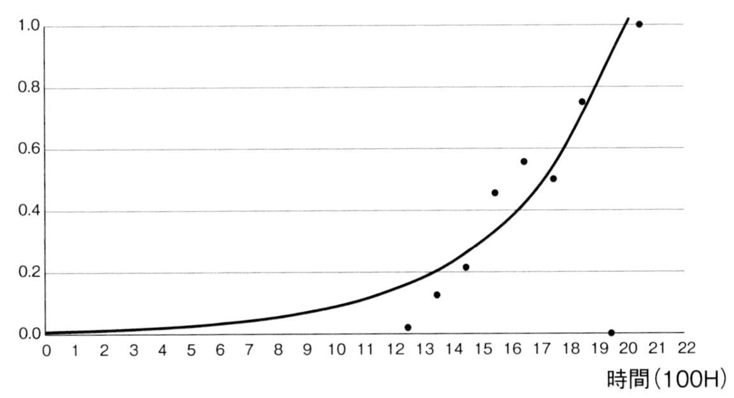

図 4.10　図 4.1 すなわち表 4.1 の部品寿命の故障率関数

2)　生命表

§4.2(1)の 2)(p.83)で説明した故障率曲線(図 4.3)は，われわれの実生活にも深い関連を有している．ここで，平成 10 年度の生命表の一部を掲げ(**表 4.2**)，この表より死亡率曲線を画いてみよう(**図 4.11** の実線)．これは，§4.2(1)の 2)にならって死亡率を，

(各年齢 1 年間の死亡数)÷(期初の生存数)

と計算したものである．これは明らかに図 4.3(p.83)で示したバスタブ曲線と同じ形状となっている[16]．ただし，ここで図 4.3 は修理系の故障率関数を示しているが，図 4.10 は非修理アイテムの寿命分布より計算した故障率関数であり，同様に図 4.11 も人間の寿命データより作成した生命表による死亡率曲線を示したものであることに留意するとよい．

図 4.11 を観察すれば人の死亡の年間発生率(先の故障率にあたる)は幼児の時期に高く，老年期には次第に増大する傾向をとるのである．こ

16)　ここで，図 4.3(p.83)のバスタブ曲線は修理系の場合であり，本節で取り扱っている故障率曲線(図 4.10)は非修理アイテムを対象としている([註 5.3]，図 5.7，p.128)．

表4.2　平成10年簡易生命表：男

年齢	死亡率(1/年)	生存数	死亡数
0	0.00384	100000	384
10	0.00012	99366	12
20	0.00070	99035	70
30	0.00075	98342	77
40	0.00148	97339	144
50	0.00408	95016	388
60	0.00967	89281	863
70	0.02494	76219	1901
80	0.06712	50817	3411
90	0.18030	15669	2825
100～	1.00000	743	743

（平成10年簡易生命表，厚生省の一部抜粋）

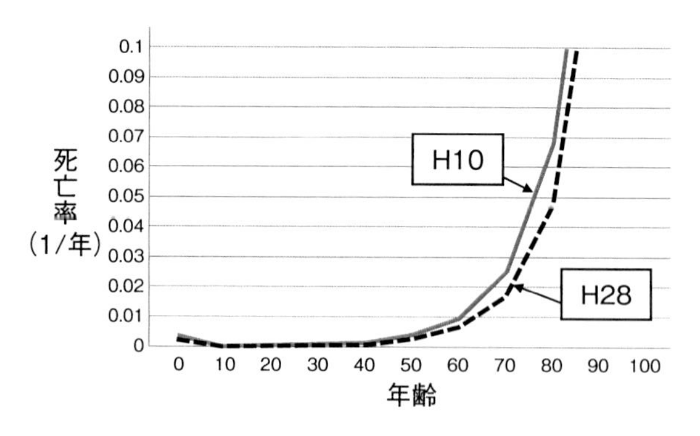

図4.11　死亡率曲線

こで重要なことは，明治時代より大正，昭和，平成の各時代における死亡率曲線の推移を観察することによって，今後の厚生政策と社会政策を正しく立案することである．例えば，図4.11の実線，点線はそれぞれ平成10年度，28年度の簡易生命表(表4.2，**表4.3**)によるものである．両者の差は60歳より見られるが，この図の両軸のスケールを拡大すれ

表 4.3　平成 28 年簡易生命表：男

年齢	死亡率(1/年)	生存数	死亡数
0	0.00194	100000	194
10	0.00007	99689	7
20	0.00045	99512	44
30	0.00058	99000	57
40	0.00098	98300	97
50	0.00264	96754	255
60	0.00670	92826	622
70	0.01702	83344	1419
80	0.04718	63282	2985
90	0.15130	25605	3874
100	0.37355	1587	593
105 ～	1.00000	90	90

(平成 28 年簡易生命表，厚生労働省の一部抜粋)

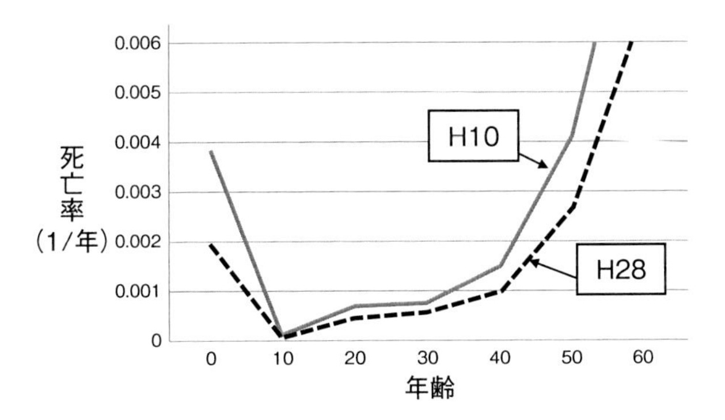

図 4.12　死亡率曲線(図 4.11 のスケールを拡大)

ば(**図 4.12**)，40 歳や 50 歳の死亡率，さらには出生時死亡率にも大きな低減が読み取れる．これらの比較による厚生政策のチェックと，さらなる改善立案が大切となる．

［註 4.1］　寿命分布の確率密度関数(p.d.f.)と $MTTF$

図 4.1(p.81)のヒストグラムをなめらかな曲線で当てはめることにし，この曲線をその形は変えないで，次の①と②を満足するように定めた関数 $f(t)$ を図示したものが**図 4.13** である(詳しくは［18］，§5.2，図 5.3，p.71)．$f(t)$ は $t \geq 0$ の範囲で，

$$① f(t) \geq 0,\quad ② \int_0^{\infty} f(t)\,dt = 1$$

を満たす確率密度関数(p.d.f. と略称する)で，これを用いれば，使命時間 T_0 の信頼度 R_0 と平均故障寿命 $MTTF$ は，

$$R_0 = \int_{T_0}^{\infty} f(t)\,dt,\quad MTTF = \int_0^{\infty} tf(t)\,dt$$

となる．また B_{10} ライフは，

$$\int_0^{B_{10}} f(t)\,dt = 0.10$$

となることがすぐに理解されよう．

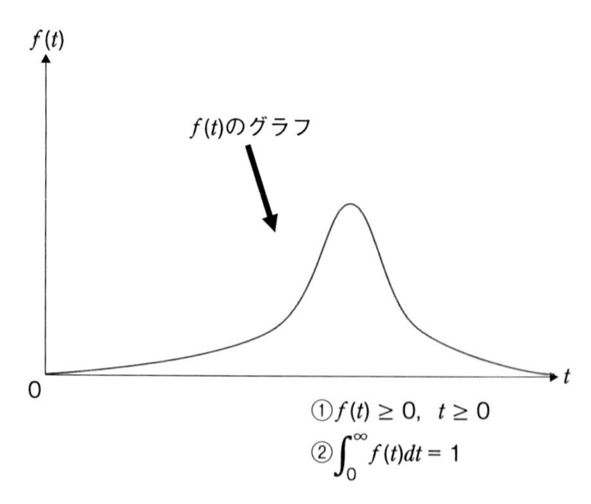

図 4.13　寿命分布の確率密度関数 $f(t)$

［註4.2］ $\lambda(t) \simeq \lambda$ となる偶発故障について

§4.2(1)の2)(p.81)で説明したように，修理系では，その故障率は時間 t についてほぼ一定値 λ として，その信頼性を評価して解析を進めることが常である．その理由は，図4.3(p.83)に示すようにその実用期が $\lambda(t) \simeq \lambda$ となっているからである．また，さらにドレニック(R. F. Drenick)は，多様なパターンで故障する修理系は一般に，その故障時間間隔は近似的に指数分布となる．つまり偶発故障のパターンとなる([18]の§2.3，pp.26-27)ことを理論的に示している．

また，非修理アイテムの寿命に関する推定や検定でも，指数分布を仮定することが基本的となる([18]の第6章，pp.83-85)．

第5章

信頼性の解析手法

伝統的な品質管理，つまりSQCは，データの分析(統計的手法)によって品質不具合などの問題点(原因)を追究して，PDCAの管理のサイクルを回し，品質の改善を継続的に推進することを特色としている．中世の統計学者でもある神学者ジュースミルヒ(J. P. Süssmilch)は，

「統計学とは，データによって神の創り給うた秩序に近づくこと」

と述べているが，この言葉はSQC活動においてデータ分析によって科学的原理原則を究明し，これを役立てようとする考え方を古(いにしえ)の言葉で表したものと解される．

これに対して対照的に，信頼性は製品やシステムの生産や設置運用が企画されている初期(源流)の段階から，これらに発生してはならない重大不具合事象をモレなく予測・評価して，重点的にこれらの不具合への未然防止の策を講じることからはじまる．この考え方は江戸職人のいう諺“仕事のよしあしは段取りで決まる”と相通ずるものである．

このような管理活動を効果的に推進するには，TQMの基盤の上に築かれた品質保証体系(§3.3(2)，p.62)をよく理解して，この体系の源流において，デザインレビュー(DR)などの信頼性手法を活用して多くの人の暗黙知ともなっている叡智を結集するなど，組織全員による協業態

勢を整えなければならない(例えば，DR は §3.3 の図 3.2(p.64)に DR-0, …, DR-5 となっている)．また，この段階においては，複雑な大規模システムに対して，信頼性ブロック図(RBD)を作成して，これを用いてシステムを FMEA や FTA などで分析するなど，以下の各節で説明する信頼性手法が重要な役割を果たすことになる．

一方で，製造ラインで製品やシステムの重要部品の加工不良や組付ミスが発生したり，外注から購入する部品材料が品質保証されていなければ，そのシステムの信頼性は保証できない(§3.3(2)の 2)，p.65 及び 5)，p.66 参照)．このように，信頼性を保証する信頼性の管理活動においては，信頼性向上と確保のための信頼性の解析手法は，製品企画，開発設計から生産，運用・使用及び購買の各段階において広く活用される．

信頼性解析は複雑な大規模システムを対象とし，その上，信頼性特性は時間の関数となる確率変数 X_t を取り扱うことが多いので，信頼性の理論研究は，数学的にも確率論の視点からも一見して難解な面が少なくないことは事実である．しかし，現実に，信頼性を向上し，社会から求められる安心安全を確実なものにするための，信頼性の実際面における信頼性手法は次に示す「信頼性七つ道具 R7」[14]によって，ほぼ尽くされると考えてよい(**表 5.1**)．

表 5.1　信頼性七つ道具

手　法	説明の節・項
信頼性データベース	§5.5
信頼性設計技法	§4.2(3)
FMEA ／ FTA	§5.4
デザインレビュー	§5.2
信頼性試験	§5.3(4)
故障解析	§5.3
ワイブル解析	§5.5(2)

本章では，これまでの約70年間に亘り，研究開発や生産に役立てられてきた信頼性手法を解説する．

5.1　信頼性解析の特徴と信頼性ブロック図

（1）“数と時間の壁”と固有技術

信頼性の管理活動を効果的に推進するには“数と時間の壁”に挑戦しなければならない．ここで，数の壁とは信頼性の解析を行うとき，信頼性データ，供試体や信頼性の不具合事象の数が少ないことをいう．信頼性を評価する試験に供しうるサンプルの数(サンプルの大きさ；n)はn=“a few”となることが多い．また，絶対に起きてはならない重大事故・事象問題は図面や構想図によって，つまり“$n=0, 1$”の段階で対策を講じなければならないのである．

次に，時間の壁とは製品やシステムの信頼性評価には時間がかかることをいう．その上，量産体制に入り，市場において運用に供せられているとき，製品・システムに重大不具合が突然に顕在化すれば重大な局面を迎えることになってしまう．

信頼性の管理活動によって，このような“数と時間の壁”を打破して，信頼性を向上し，社会の信頼を得るには，信頼性工学と固有の工学との連携を理解しなければならない(**図5.1**)．いかに，デザインレビューや故障解析などの信頼性解析の場のために立派なお膳立てをしても，固有の工学技術の知識が乏しければ，この解析は空回りするだけである．

JISでは，**信頼性工学**(reliability engineering) を「アイテムに信頼性を付与する目的の応用科学及び技術」(JIS Z 8115：1981)と記しているが，本書では，信頼性工学を次のように詳しく定めておこう．

「顧客と社会のニーズに基づく信頼性品質を有するシステム・製品(アイテム)を，全部門の協業の下に，機械工学・電子工学などの固有の工

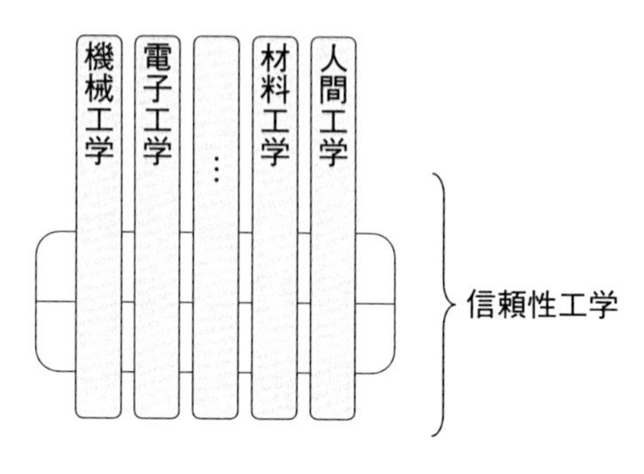

図 5.1　信頼性工学と固有の工学

学と技術を基盤とし，効果的かつ効率的に実現・運用させるための手法と科学的管理技術の体系」（さらに，［18］の §1.4，pp.16-18 参照）．

（2）　信頼性ブロック図

信頼性解析を進めるには固有技術の壁だけではなく，対象とするシステムが複雑であるという課題がある．したがって，未然防止を図るためには，対象とするシステム全体を俯瞰し，システムの信頼性の構造を把握しなければならない．このためには**信頼性ブロック図**（reliability block diagram：RBD と略称する）が有用である．

信頼性ブロック図とは，「信頼性の視点からのシステムとその構成要素（ユニット・部品など）の下位アイテム [1)] との間の機能的関連を表すブロック線図」で，§4.2（p.91）で説明した直列系と並列系を基本として構成される．ここで，RBD とその役割を例で示そう．ボールペンの例（**図 5.2**），ならびに待機冗長系（図 4.9，p.100）の信頼性ブロック図（**図 5.3**）が示すように，これらの各要素において，どのようなトラブルが生じる

1）　アイテムとは，製品，ユニット，コンポーネント，部品などの総称であり，信頼性作り込みの対象となるものをいう．

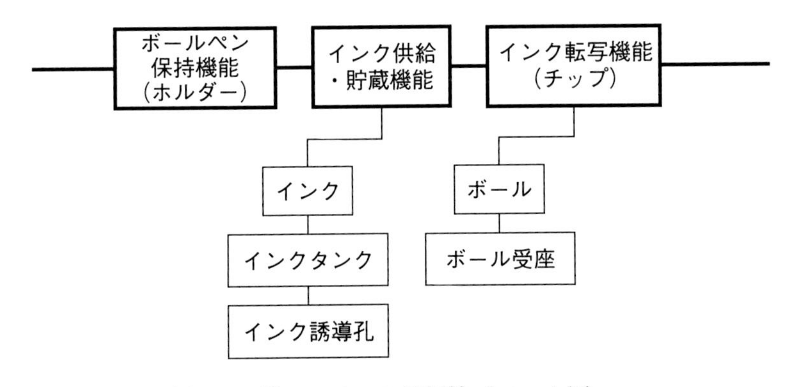

図 5.2　ボールペンの信頼性ブロック図

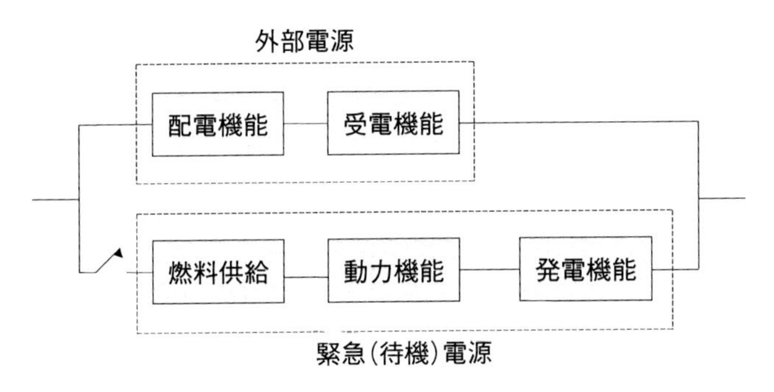

図 5.3　待機冗長系(病院の電源)

か，そしてそれらはシステム全体に対して，どのような重大な影響を及ぼすかの検討などのために，RBD は役立つのである．信頼性ブロック図の作成は次節以降で述べる信頼性手法に必須となるものである．

5.2　デザインレビュー

デザインレビュー(Design Review)とは，簡単にいえば「品質保証の企画・設計段階または生産計画段階において，企画・設計図書や生産計画・設計図を対象にして製品やシステムの品質(Q)を，とくに信頼性に注目して，コスト(C)や納期(D)をも勘案しながら審査し，改善を図るチーム活動」といえる．

デザインレビューは，1950年代からアメリカにおいて信頼性プログラムの遂行のために実施され，国防総省・NASAからの仕様・規格を満足しているか否かの発注者と生産者の間で行われる，いわば“図面設計の審査”として行われてきたもので，これは“垂直型”の設計審査である．一方，わが国では，デザインレビューは1970年代よりTQM(当時はTQC)の協業の考え方に立って互いにチームに参加する専門技術者の経験知識と創意を汲み出し，新しい知識獲得に向けた相互啓発に視点を置いた“水平型”の審査として実施されてきた．そこで本書では，この活動手法を“設計の審査”という狭い枠を超える意味で，「設計審査」ではなく“デザインレビュー(DRと略称)”と呼ぶ．

1)　DRの実施背景

デザインレビューが近年，ますます重要となっているが，このDRの必要性の背景は次の通りである．

① 科学技術の進歩により，より高度な技術と大規模・複雑なシステム・製品開発が進み，各技術者の専門分野の奥行きが深くなるが，逆にその間口が狭くなりつつある．このため，専門技術の協業が必要となる．

② グローバル化のさらなる進展と現地生産の拡大などにより，顧客ニーズが多種多様になりつつあり，また，天変地異を含む使用環境条件や慣習・法規の違いなど，組織としての情報の総合化の必要性がさらに高まっている．

③ ソフトウェアによる制御の役割が増大し，制御系及びこれら複数のインタフェースの品質・信頼性問題が増大している．

2)　DRの目的

このような背景の下に品質保証の発展に貢献してきたデザインレビューつまりDRの目的は次のようにまとめられることができる．

①　組織としての技術の総合化

市場ニーズに応え，高度科学技術を駆使し，人と社会に感動と安心を与える新製品をタイムリーに開発するためには，品質保証の源流の企画・設計段階において，電子・機械・材料及びソフトウェアをはじめとする多くの人の暗黙知となっている叡智と技術を結集し，これに基づく総合化を行うことが重要である．

②　グローバル化した社会における組織全体としての情報の総合化

対象システム・製品の従来の国内外の品質・信頼性の不具合情報ならびに顧客の声(VOC)，法規性などを体系的に収集・分析するとともに，現地生産における部品調達・生産・施工などのグローバルな情報を企画・設計・生産技術段階で十分活用することが大切である．このためには，現地の協力企業を含めた全組織としての協力態勢と情報の総合化が必要となる．

③　品質Qの目標の達成

品質Qだけではなくコスト Cと納期Dの目標を同時に達成することに潜む問題点の早期摘出とその是正の徹底を図る．つまり，新製品開発の源流段階にて，品質・コストを作り込み，タイムリーに新製品を上市することはTQMの大切な目標であるが，このためには，源流におけるDRの実施により部門を超えた，また協力企業を含めた技術と経験の英知の結集が新製品開発の各段階において計画的に実現され，かくてQCDの同時達成を目指すことが可能となる(例えば，§3.3(1) 機能別管理，p.62)．

3）　DRの実施

DRを効果的に推進するには，

① DRを実施する段階（例えば，§3.3，図3.2参照，p.64）

② DRの実施チームの編成（とくに委員長とメンバー）

③ DRの運営管理

などについて検討することが大切となる．DRの細目ならびに具体的な実施については[8]，[18]の§12.2などを参照されるとよい．

5.3　故障解析と信頼性試験

故障解析は，発生した故障に対して，その発生過程，つまり故障のメカニズムとその原因を究明する解析手法である．また，信頼性試験は，製品やシステムの信頼性特性を現物実機によって評価して確認(第3章でいう“三確”の一つ)するために実施される．

信頼性の向上活動で中核的な役割を果たす故障解析と信頼性試験は，その目的と性格は対照的であるが，これらはいずれも市場の環境使用条件を精査して，その上で固有技術を十分に活用しなければならない手法である．

（1）　故障解析

故障解析(failure analysis)とは，本節では，

「アイテム(製品やシステム，コンポーネントなどの総称)に潜在する，または顕在化して発生した故障に対して，故障のメカニズムとその原因及びその故障による影響を調べ，さらに，この故障の再発防止などの是正措置を定めるための系統的な調査研究」(JIS Z 8115：1981の一部を修正したもの)

と定める．ここで故障のメカニズムとは，簡単にいえば，

「故障の発生に至った，物理的，化学的，その他の過程」(JIS Z 8115：2000)

をいう．

故障解析はモノづくりにおける安全追求の面で企業経営上の極めて重要な役割を担う．

これを医学における病理学の視点に立って考えてみよう([註 5.1]，p.126)．例えば，人間ドッグにて幸いにも初期の癌が発見され一命を取り留めたとき，その癌の種類及び癌細胞の遺伝子を調べ，再発時への治療法を事前に準備するとともに，癌の発生メカニズムとそれを引き起こしたストレス・過労・生活習慣などの原因を追究し(癌の発生を“故障”と考えれば，これが“故障解析”にあたる)，健康な生活を目指してPDCAを回すことが重要である．

(2)　故障解析と再現実験

市場(現地・現場)において発生した故障に対して，その故障の発生メカニズムと原因を明確にするために，市場の使用と環境条件を精査し，この結果に基づいて全く同じ故障を，または想定した故障のメカニズムによって発生する市場と同じ故障を，実験室または台上(ベンチ)で再現する実験を**再現実験**という．この再現実験は重大な事故・故障やインシデント[2)]に対して，その故障のメカニズムとその原因を確認する上で，その役割は極めて重要である(例えば，§1.3(2)，p.23)．

また，再現実験に成功すれば，これを多次元的な観点に立って実験を積み重ねて技術の向上に資することが可能となる．

---

2)　インシデントとは，「大きな事故(アクシデント)には至らない事故・故障」をいう．インシデントに対しても重大事故と同様，信頼性管理の対応を要することはいうまでもない．

（3）　故障物理と事前故障解析

故障物理（reliability physics）とは，アイテムの部品や材料に発生した故障に対して，その故障の発生メカニズムを原子，分子，または粒子などのミクロな構造分野にまで立ち入って究明し，部品や材料の改善とその信頼性の向上を図る科学技術である．故障解析を効果的に進める上で，故障物理の役割は大きく，例えば，LSIなどの電子部品の金属配線に発生するエレクトロマイグレーションや金属材料に発生する金属疲労などが，故障物理によって研究されている（詳しくは[18]，§10.4，p.174）．

“故障ありき”によって始まる故障解析は，また故障が発生していなくても，新規の開発・設計の源流段階にて，DR，FMEA，FTAなどの信頼性手法によって摘出された故障，または信頼性試験により検出された故障などに対して，故障解析が実施される．これを**事前故障解析**という．例えば，市場の使用・環境条件をより“厳しい条件”に設定した試験を行う．これにより，技術の奥深くに潜在する問題を顕在化し，早期に摘出することが可能となる．

（4）　信頼性試験

信頼性試験（reliability test）とは，その文字通り，アイテムやシステムの信頼性特性を測定評価するための試験をいう．そして，JIS Z 8115：2000では，さらにこの試験には，

①　信頼性決定試験

②　信頼性適合試験

があると記している．①はアイテムの信頼性特性を決定するための試験で，②はアイテムの信頼性特性が規定の信頼性要求に合致しているかを判定するための試験である．

信頼性試験には，その試験の行われる場所によって，試験室信頼性試

験（ベンチ試験ともいう）とフィールド信頼性試験がある．前者は，実機で市場と同じ環境使用条件で試験を行うフィールド信頼性試験より，社内の実験室で環境条件を自由に変更制御して，また数多くの供試品によって木目細かい試験を行うことができる．しかし，実験室試験は，長年の信頼性技術の錬磨によって，十分にフィールド信頼性試験をシミュレートできるものでなければならない．

信頼性試験には，その目的によって，①耐久性試験，②加速試験，③限界試験，などがある．このうち加速試験は，試験時間の短縮のため，基準条件の水準を超えるストレス水準で行う試験である．そして，このとき，この加速試験は，この加速によって故障のメカニズムが変化するものであってはならないことは当然のことである．

また，限界試験とは，アイテムが使用に耐えうる限界を確かめるための試験で，この試験によって当該アイテムに定めた規定の基準条件の限界までの余裕（マージン）を知ることができる．この試験によく似た試験にいじわる試験がある．この基準よりきびしい条件で実施する試験は顧客に対して信頼性や品質のゆとりを確かめ，アイテムの弱点を見つけ技術の改善を図るほかに，破損または劣化したアイテムの故障解析を促進するという目的がある[3)]．

信頼性試験は企画書や設計図に画かれたアイテムの信頼性を現物（ブツ）によって確認し，さらに，顧客に対して確証するという重要な役割を有する．この試験は手段であって目的は信頼性の保証である．したがって，信頼性試験の関係者は単なる“試験屋”であってはならない．多様化する市場の環境使用条件に目を向け，かつ試験によって得られた

3)　いじわる試験の代表として，HALT（Highly Accelarated Limit（Life） Test）が知られている．

不具合の兆候や知見を開発部門と共有して技術の向上に尽くさなければならない.

5.4　FMEA と FTA

FMEA と FTA は，固有技術の知見に立脚して実施される信頼性解析の根幹ともいえる手法である．FMEA と FTA は，その解析手法の基本的な考え方は対照的であるが，製品やシステムに発生する不具合や重大故障を未然に防止するのに相補的に活用され，これまで約 50 年以上も信頼性の向上に役立てられている.

（1）　FMEA

FMEA（Failure Mode and its Effects Analysis：故障モードとその影響解析）は，システムを構成する各主要な部品または部位を摘出し，その故障モード[4]がシステムに及ぼす影響内容とその度合いを評価し，その総合影響度（これを危険優先数；RPN[5]にて表すことが多い）の大きいものから是正改善の措置を進める手法である.

FMEA は，1950 年代にアメリカのグラマン社が開発するジェット戦闘機の信頼性向上のために活用されて成果を挙げたことが注目され，その後，広い分野に取り入れられるようになった．FMEA は 1960 年代には，NASA の人工衛星の開発や自動車のリコール問題に端を発した信頼性にも役立てられ，さらに 1970 年代には広く一般の産業界にも啓蒙普及されるようになった.

また，FMEA は対象をシステムだけではなく，生産加工工程などを

---

4)　故障モードとは，断線，短絡，摩耗，腐食などのような故障の発生状態の呼称.

5)　RPN は risk priority number の頭文字である.

対象に，各重要工程の不良モードを摘出して実施される．このようなFMEAはとくに「工程のFMEA」と呼ばれている．

一般に，FMEAを実施するには，システムの機能と使用目的及び使用環境条件を十分に調査して，関係分野の固有技術の専門家の参画するチームが編成される．**表5.2**は，そのときに使用される一般的なFMEAの表である（[註5.2]，p.127）．

表5.2 FMEA表のフォーマット例

システム名：			担当部門： 担当グループ： 担当メンバー：					作成日： 改訂日：		
名称	機能	故障モード	システムへの影響	発生の原因	評価			RPN (a×b×c)	対策	担当責任部署
					影響度a	発生頻度b	検出難易度c			

（2） FTA

FTA（Fault Tree Analysis：故障の木解析）は，発生することがあってはならない故障事象をトップ事象（top event, TEと略称する）として摘出し，これらのTEを生ぜしめる一次要因，二次要因，及びそれ以下の各要因を取り上げ，これら各要因の因果関係（図5.5（p.123）の上下関係）と相互関係（横の関係）を論理記号によって示す図（故障の木：Fault

Tree)を作り，TEの未然防止を図る解析手法である．

FTAは1961年，アメリカ国防総省がベル電話研究所の協力を得て，ミニットマンミサイルの発射制御システムの開発に活用されたことに始まり，その後，宇宙開発・原子力プラントの安全性解析などに利用されてきた．

FMEAがユニット・部品レベルの考察より起こりうる重要トラブル事象を予測し，未然の対策をとる“bottom up”方式の手法であることに対し，FTAは，絶対避けなければならないトップ事象TEを設定し，“top down”方式でこのTEの発生確率の低減を目指すものである．この意味で故障(TE)を考えれば，FTAは重点殲滅(せんめつ)作戦，FMEAは絨毯(じゅうたん)爆撃作戦といえる．

次に，FTAを示す簡単な事例[6)]を示しておこう．ガスと電気エネルギーの暖房系によって暮らす家庭における，暖房系の故障をTEと考えよう．まず，この暖房系の簡単な信頼性ブロック図[6)]を作れば，それは**図5.4**のようになる．ここで，

A：ガス系，A_1：ガスの供給，A_2：ガス器具の作動

B：電気系，B_1：電気の供給，B_2：電気器具の作動

となっている．これを故障の木(FT図)で書き直したものが**図5.5**である．図5.5においては，例えば$\overline{A}$はAの否定，すなわちガス系の故障を意味し，また論理記号は，

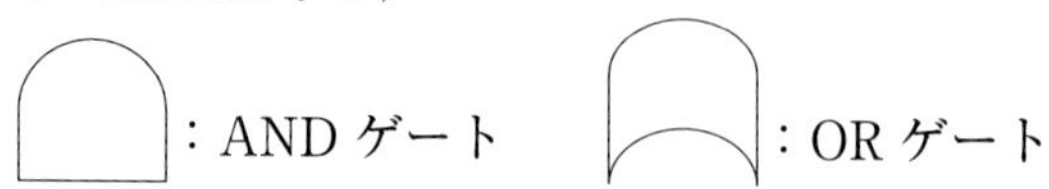

となっている．TEは$\overline{A}$と$\overline{B}$が同時に発生したときに発生し，$\overline{A}$は$\overline{A_1}$あるいは$\overline{A_2}$が発生したときに発生することを意味している．つまり図

6)　ここでは，FTAをわかりやすく説明するために，極めて簡単な事例やブロック図を用いている．実際に解析の対象となるシステムははるかに複雑なものである(例えば[A-4]，p.238参照)．

5.5 においては，このとき，$P(A)$を A 事象の発生確率とするように確率 P(・)を用いれば，各要因事象は互いに独立に発生すると仮定して，

$$P(\mathrm{TE}) = [1 - \{1 - P(\overline{A_1})\}\{1 - P(\overline{A_2})\}] \times [1 - \{1 - P(\overline{B_1})\}\{1 - P(\overline{B_2})\}]$$

となる．ここで注意しなければならないことは，各要因の独立性を仮定

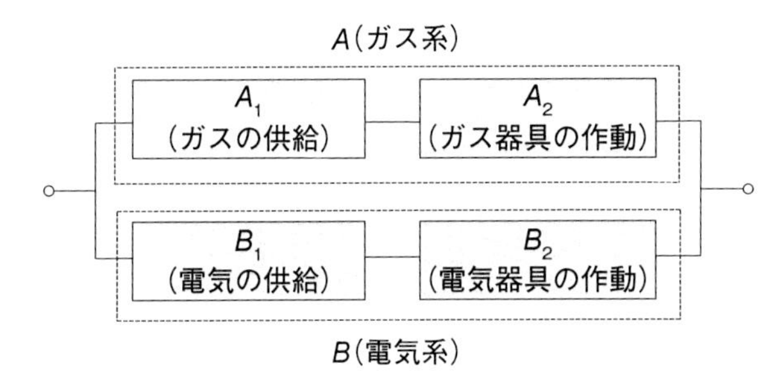

図 5.4 信頼性ブロック図(暖房系)

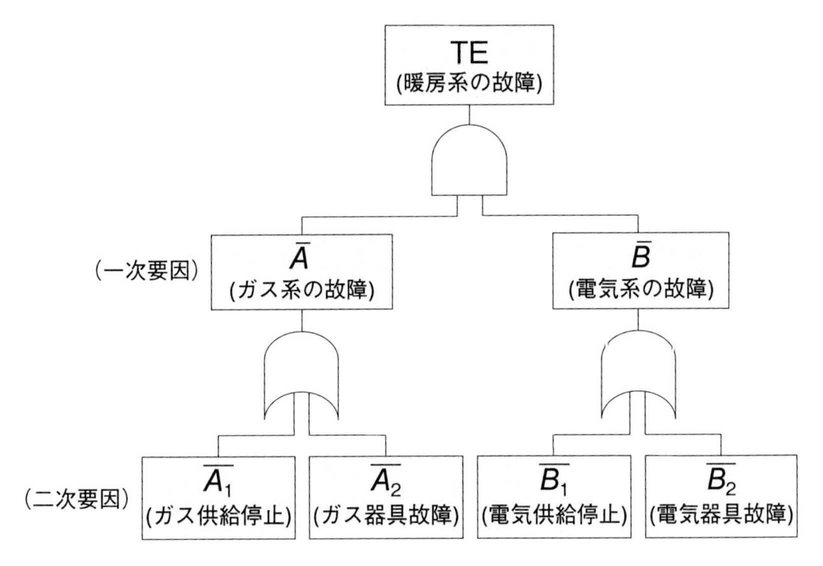

図 5.5 FT 図(暖房系の故障)

してP(TE)を計算していることである．もし，極めて稀に発生する天変地異によってAもBも同時に発生しうる場合には，AとBの“独立性”は失われる（§4.2(3)，p.92参照）．

5.5　信頼性データの取り扱い

（1）　信頼性データの収集

通常のデータとは異なり，寿命値などの信頼性データは故障や不具合がアイテムに発生したときに計測されることが多い．したがって，このデータの背景には，

① その値は製品やシステムのそれまでの使われ方や環境条件に左右されて定まることが多い

② 故障したとき，その故障モードを観測して，故障までに至る故障のメカニズムや故障の原因を知ることができる

③ 故障までに至らない中途打切りデータを取り扱うことが多い

という特徴がある．①と②については，人間の寿命値にたとえて見ると，この値はその人の生存していた時期の節制などによる生活環境に依存していること(①)や，その人の死因が心不全であったり，交通事故であったり多様であること(②)などと同様に理解できる．また，③については，例えば，n個の供試品で信頼性試験を行うときに，試験は中途打切り[7]となることが多いことによっても説明されよう．

上記に述べたような信頼性データの特性の故に，信頼性データを収集するには，単に数値を記すだけではなく，**表5.3**に示すような記録データシート(信頼性データシート)を予め用意し，これに基づくアクション

---

7)　中途打切りにも，時間打切りと個数打切りがある．ここで例えばn=5のとき，3個目の故障の発生によって試験を打切るとき，これは個数打切りとなる．

表 5.3 信頼性データシート

品名	型式	製品番号	使用開始日	故障日	累積運用時間	故障間隔
故障状況						
故障原因 故障探求						
環境使用条件						
修理履歴						
特記事項(特に重要)						

を取りうる信頼性データベースを構築しておくことが大切であることがわかる.

(2) 信頼性データの解析―ワイブル解析を中心として―

信頼性データの解析には多くの解析手法が開発されているが，中でも寿命分布(§4.2，図 4.1，p.81)を取り扱う場合には，**ワイブル分布**を中心として，ワイブル確率紙を用いた「ワイブル解析」が普遍的である．ワイブル分布(さらに[註 5.3]，p.128)は 1951 年にスウェーデンの科学者ワイブル(W. Weibull)によって，材料強度の分布など比較的多くの分布に当てはまる応用範囲の広い分布として提唱されたものである．その後，アメリカのカオ(J. H. K. Kao)が，1950 年代の後半に，真空管などの電子部品の分布として，その特性をワイブル確率紙を用いて調査研究したことによって，ワイブル分布は有名になった．さらに，ワイブル分布とワイブル解析を中心とした手法の詳細については[18]の §7，pp.101-128 を参照するとよい．

信頼性データの解析には，上に説明したワイブル分布を中心とした手法以外に多くの解析手法があるが，ここでは，本書の目的上これらを割愛することにする．さらに，これらを学ぶには日本信頼性学会編[A-4]の第Ⅳ部第 2 章及び[15]をおすすめする．

（3）　信頼性データの活用

信頼性データの収集と解析により，市場・現場における使用・運用が顧客・社会のニーズに合致しているかの満足度・妥当性の確認を行うことが大切である．これにより，問題点への応急対策，ならびに対象製品と開発のしくみへの再発防止を図らなければならない（§2.2, pp.36-39）．このとき，とくにグローバル化された全世界の市場からの信頼性データを層別・分析することにより，企画・開発・設計などへの改善の手がかりを図ることが大切である．例えば，現地調達部品，現場生産体制など，全世界の地域ごとのマネジメントの差を信頼性市場データの違いから見出して対策を講ずる必要がある．すなわち，品質保証における三確（確保・確認・確証）を，PDCA の管理のサイクルを回して着実に実行する上で信頼性データを活かすことが肝要である．このための全世界の全拠点・全部門に跨がる信頼性データベースの構築とその活用が鍵を握るのである．

［註5.1］　病理学と疫学と故障解析

医学における病理学と疫学の故障解析に対する類似性を考察しよう．病理学とは，病気などの形態や現象などを調べて，その成立過程や原理を研究する医学の一分科である．また，疫学とは疫病（伝染病など）などの多数発生したデータを地域別，環境別に層別して，その発生条件や発生原因を統計的に研究する医学である．

このことにより，医学分野の病理学と疫学は，それぞれ，信頼性分野の故障解析と故障データの統計的解析に類似していることがわかる．

［註5.2］　ボールペンの FMEA

FMEA のフォーマット例 表5.2（p.121）ならびに図5.2（p.113）のボールペンの信頼性ブロック図に基づく FMEA 表の一部を**表5.4**に示す．ここでは，

a：影響度　　　1～10(10点満点)

b：発生頻度　　1～5(5点満点)

c：検出難易度　1～5(5点満点)

とし，危険優先数(a × b × c)30点以上に対し対策をとる規定の下での例である．表より，ボールの硬度向上，取扱説明書への「丁寧な使用」，「用途以外の使用禁止」の明記が必要であることがわかる．

表5.4　ボールペンのFMEA表の一部

システム名：			担当部門： 担当グループ： 担当メンバー：					作成日： 改訂日：		
名称	機能	故障モード	システムへの影響	発生の原因	評価			RPN (a×b×c)	対策	担当責任部署
					影響度a	発生頻度b	検出難易度c			
ボール	インクを紙上に転写	減肉	ボール飛びだし	摩耗	6	1	4	24	—	
			インク供給過多	摩耗	5	1	4	20	—	
		剥離	インク供給過多	ペンの落下	6	5	4	120	硬度向上	
		転写ムラ	線のムラ・かすれ	真球度不良	3	1	1	3	—	
ボール受座	ボールの保持・回転	変形	インク供給不能	ペンの落下	5	5	4	100	丁寧な使用	
		ゆるみ	インク供給過多	筆記以外の使用	6	4	2	48	用途以外の使用禁止	
			ボール回転不能	筆記以外の使用	5	4	2	40	用途以外の使用禁止	

［註 5.3］　ワイブル分布について

ワイブル分布の確率密度関数(p.d.f.) $f(t)$ (［註 4.1］，p.106)は，$m>0$，$\eta>0$ として，

$$f(t)=\frac{m}{\eta}\left(\frac{t-\gamma}{\eta}\right)^{m-1}\cdot\exp\left\{-\left(\frac{t-\gamma}{\eta}\right)^{m}\right\},\quad t\geq\gamma$$

$$=0,\quad t<\gamma$$

で表される．ここで m は形状母数，η は尺度母数，γ は位置母数という．この p.d.f. $f(t)$ の形状は**図 5.6** で示されるが，m の値によってその形状が変わることが理解されよう．そして，m が大きいときには，この分布は対称形に近

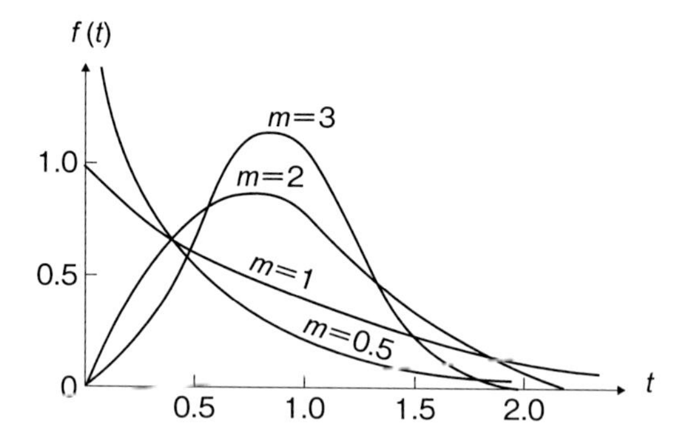

図 5.6　ワイブル分布の確率密度関数(γ=0, η=1 のワイブル分布)

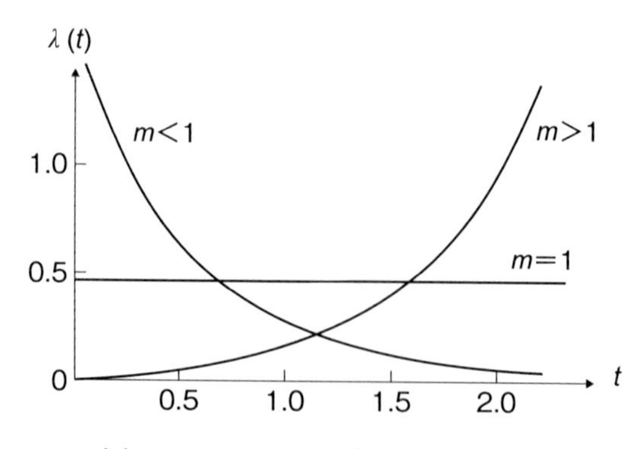

図 5.7　ワイブル分布の故障率曲線

くなり，$m>3$ のときは，ほぼ正規分布に近い形状となる（[18]，p.102）．

また，この分布の故障率曲線 $\lambda(t)$ は，$\gamma=0$ として，

$$\lambda(t)=\frac{m}{\eta}\left(\frac{t}{\eta}\right)^{m-1},\quad t\geq 0$$

となる（[18]，p.104）．したがって，その故障のパターンは**図5.7**より $0<m<1$，$m=1$，$m>1$ によって，それぞれ初期，偶発，摩耗の故障パターンとなる（§4.2(1)，p.83 及び §4.4(2)，p.102）．ここで，§4.4(2)の図4.10（p.103）は $m>1$ の摩耗故障のパターンになっていることを見ることができる．

エピローグ

戦後よりこれまでの約70年間に亘って，常に品質の課題に挑戦して発達してきた品質管理は“実践の科学”ともいわれている．これは，いかに技術が進歩して，AI(人工知能)とかICT(情報通信技術)の時代となっても，QCDのバランスの取れた品質と信頼性の高い商品やシステムを，現実を直視しつつ科学的な方法に立脚して産み出し，これを市場に提供して社会の繁栄に貢献するという品質管理の理念は一貫していることを意味する．例えば，自動運転などのIoT(モノのインターネット)によって実現される社会基盤においても，ネットワークセキュリティの脆弱性に起因するアクシデントを未然防止しえなければ，この社会は成り立たない．

少し古い話ではあるが，若い頃，筆者の一人はある国立大学の工学部で，一部(昼間教育)と二部(夜間教育)の学生に「品質管理」を講じていたことがある．このとき，一部の学生は選択科目である「品質管理」にあまり関心を示さなかったが，二部の学生(中には作業服のまま出席する者も少なくなかった)は，この講義に出席する人数は減るどころか，増え続けたのであった．ある学生の曰く，「昼間の会社の仕事に役立って，その上，大学では単位を取得できるなんて，大変有難い機会です」と．因みに，卒業して会社の実務についている何人かの一部(昼間)の卒業生からも，後に「品質管理」の受講を中途で断念したことを残念がる便りを頂いた．同様に他の筆者も工学系の国立大学で昼間部と夜間部の学生に「品質管理」を講じ，昼間部に比し夜間部は教室にあふれんばかりの受講者であり，授業中の活気もはるかに大きかった．

多くの一般管理者及び学生諸兄が品質管理を学び，一層研鑽に励まれることを期待している．

引用・参考文献—読書案内—

世界的な水準を超えて発展してきた日本の品質管理に関しては，参考文献の数は極めて多いことはいうまでもない．本書では，この実践の科学ともいえる品質管理を学ぶ上で必要な参考書，教科書といえる文献を紹介しておこう．紙数の制限と読者の便をも考慮して，文献は本書を執筆するのに引用し，または参照した範囲のものに限ることにする．

まず，品質管理，品質保証及び信頼性のそれぞれ各分野を総括する図書をA項目として紹介する．続いて，B項目とC項目に分けて各文献を取り上げる．

[A]

幸いなことに，次のいくつかの便覧またはガイドブックは，日常の業務を遂行しているとき，必要に応じてこれらを図書室などで閲覧して，必要な箇所を学ぶことができる，いわば座右の書ともいえる基本的な書物である．

[A-1]　日本品質管理学会編(2009)：『新版 品質保証ガイドブック』，日科技連出版社

[A-1-a]　朝香鐵一，石川馨編(1974)：『品質保証ガイドブック』，日科技連出版社

[A-2]　信頼性管理便覧編集委員会編(1985)：『品質保証のための信頼性管理便覧』，日本規格協会

[A-3]　朝香鐵一，石川馨，山口襄監修(1988)：『新版 品質管理便覧(第2版)』，日本規格協会

[A-4]　日本信頼性学会編(2014)：『新版 信頼性ハンドブック』，日科技連出版社

［A-5］　市田嵩，川崎義人，塩見弘編(1983-1985)：日科技連信頼性工学シリーズ，日科技連出版社

［A-6］　信頼性技術叢書編集委員会監修(2008-)：信頼性技術叢書シリーズ，日科技連出版社

[B]

この項では単行本として発刊されている本を紹介しておく．この中の何冊かは［A］項で取り上げたシリーズ［A-5］と［A-6］の一部となっている．数が多いので，分野別に層別しておく．

(1)　品質管理と品質保証

［1］，［2］，［3］，［9］及び［10］はいずれも品質管理と品質保証を学ぶ実務家の人には，わかりやすい内容となっている．発刊されてから，長い年月を経ているが，本書でも各節で引用するなど，品質管理の基本を学ぶことができる．また，［9］では品質管理の各用語と概念についての説明が厳密で詳しくなっている．［6］では，品質保証の進め方について実務的かつ具体的な説明が多い．

(2)　信頼性

信頼性工学を全体的に学ぶものとしては［17］，［18］，［19］，［21］を挙げることができる．これらはいずれも，信頼性の教科書といっても良い．このうち，［17］は前半で，信頼性のための品質保証を説明している．

［15］では，本書では詳しく説明しなかった信頼性の統計的手法を詳しく取り扱っているので，本書の第５章を補完するものとして役立つ．

［13］と［16］は，とくに未然防止に重点をおいたものであり，具体例も数多く取り上げられている．

また，すでに［A］項で取り上げた［A-4］の第Ⅰ部の第３章「品質保証

(久米均)」と第4章「品質管理と信頼性(真壁肇)」においては，それぞれ前者は品質保証を整理して説明し，後者は伝統的な品質管理と信頼性の関連を説明している．

(3) 信頼性手法

本書よりさらに専門的な分野にまで立ち入って学ぶ人のために，次の各著書を掲げておく．[8]はデザインレビューを実務にすぐ役立つように説明している．FMEAとFTAについては[11]に，信頼性試験は[12]に詳しく説明されている．また，[4]は本来は信頼性のテキストとして書かれたものであるが，この本には繰り返し応力(ストレス)による疲労の累積によって寿命を推定するのに必要なマイナー則(Miner's rule)とS-N曲線の詳しい説明がある．また，[5]は保全の問題を広く取り扱っており，[20]はPL制度の説明に詳しい．

最後に，[7]は構造信頼性のいわば集大成である．著者は戦後の日本の空を初めて飛んだ国産機YS-11の開発過程に詳しい人である．

[1] 朝香鐵一(1991)：『経営革新とTQC』，日本規格協会
[2] 石川馨(1984)：『日本的品質管理 <増補版>』，日科技連出版社
[3] 石川馨(1989)：『第3版 品質管理入門』，日科技連出版社
[4] 市川昌弘(1990)：『信頼性工学』，裳華房
[5] 市田嵩(1976)：『改訂 保全性工学入門』，日科技連出版社
[6] 梅田政夫(2000)：『新版 QC入門講座4 品質保証活動の進め方』，日本規格協会
[7] 上山忠夫(1984)：『構造信頼性』，日科技連出版社
[8] 菅野文友，額田啓三，山田雄愛(1993)：『日本的デザインレビューの実際』，日科技連出版社
[9] 木暮正夫(1988)：『日本のTQC』，日科技連出版社
[10] 近藤良夫(1993)：『全社的品質管理』，日科技連出版社

[11]　塩見弘，島岡淳，石山敬幸(1983)：『FMEA，FTA の活用』，日科技連出版社

[12]　塩見弘，久保陽一，吉田弘之(1985)：『信頼性試験－総論・部品』，日科技連出版社

[13]　鈴木和幸(2004)：『未然防止の原理とそのシステム』，日科技連出版社

[14]　鈴木和幸編(2008)：『信頼性七つ道具 R7』，日科技連出版社

[15]　鈴木和幸編(2009)：『信頼性データ解析』，日科技連出版社

[16]　鈴木和幸(2013)：『信頼性・安全性の確保と未然防止』，JSQC 選書 19，日本規格協会

[17]　真壁肇，鈴木和幸，益田昭彦(2002)：『品質保証のための信頼性入門』，日科技連出版社

[18]　真壁肇編(2010)：『新版　信頼性工学入門』，日本規格協会

[19]　牧野鉄治，野中保雄(1983)：『理工系学生・技術者のための信頼性工学』，日科技連出版社

[20]　宮村鐵夫(1995)：『PL 制度と製品安全技術』，朝倉書店

[21]　宮村鐵夫(2011)：『新製品・技術の開発と信頼性工学―信頼性のコンセプトによるマネジメントの進め方』，日科技連出版社

[C]

この項では，学会(公益法人)や財団法人による学会・機関誌やシンポジウムを中心にして文献をまとめておく．因みに，ここでは学会として，日本品質管理学会(JSQC)，日本信頼性学会(REAJ)とアメリカ品質管理学会(ASQ)を紹介しておく．

[C-1]，[C-2]はこれまで日本の TQM の発展にこれまで約 60 年に亘って貢献してきたシンポジウムである．これらの報文は本書でも各所で引用している．ここには，学界の研究者だけではなく，産業界の経営トッ

プの方々の優れた研究と見識が報告されている．また，[C-4]は信頼性に関するいわば研究報告をまとめたもので，信頼性研究の人々の相互啓発にこれまで約50年の長きに亘り貢献している．

[C-5]と[C-7]は日本の品質管理の有史以前の当時の統計的手法やORなど管理技術の一断面を知るのに役立つ．前者は日本オペレーションズ・リサーチ(OR)学会，後者はJSQCの機関誌に掲載された報文である．[C-6]はASQの機関誌の報文であり，当時のアメリカの産業界などに注目されたものである．また，[C-8]，[C-9]，[C-10]はいずれもJSQCにおける長年に亘る研究会・委員会でまとめたものである．とくに，[C-10]は本書でも何回か引用している．

最後に，PLやリコールについてのわかりやすい文献を紹介しておく([C-11]，[C-12]，[C-13])．

[C-1]　石川，朝香，水野，木暮編(1968)：「品質保証と信頼性」，『第7回QCS(品質管理シンポジウム)報文集』，日科技連出版社

[C-2]　木暮，水野，石川，朝香編(1969)：「日本の品質管理の特徴と問題点」，『第9回QCS報文集』，日本科学技術連盟

[C-3]　水野滋(1969)：「日本の全社的QC」，『第9回QCS報文集』，pp.143-160，日本科学技術連盟

[C-4]　『信頼性・保全性シンポジウム報文集』，(1971～現在まで)，日本科学技術連盟(日本信頼性学会後援)

[C-5]　後藤正夫(1989)：「あるORの体験」，『オペレーションズ・リサーチ』，Vol.34，No.2，pp.2-3

[C-6]　Juran, J. M.(1978)：Japanese and Western Quality-A Contrast, *Quality Progress*, Vol.11, No.12, pp.10-18.

[C-7]　真壁肇(2014)：「日本の品質管理の歩みと信頼性保証の課題」，『品質』，Vol.44，No.1，pp.5-11

[C-8]　日本品質管理学会PL研究会編(1995)：『品質保証と製品安

全』，日本規格協会

［C-9］　日本品質管理学会信頼性・安全性計画研究会(2008)：「特集 信頼性・安全性の確保と未然防止」，『品質』，Vol.38，No.4，pp.4-61

［C-10］　日本品質管理学会標準委員会編(2009)：『日本の品質を論ずるための品質管理用語 85』，JSQC 選書 7，日本規格協会

［C-11］　朝日中央総合法律事務所(1994)：『実務相談 製造物責任のすべて』，ぎょうせい

［C-12］　国土交通省自動車交通局技術安全部管理課監修(2003)：『改正道路運送車両法』，東京法令出版

［C-13］　経済産業省製品安全課(2007)：「消費生活用製品のリコールハンドブック 2007」，経済産業省

索　引

【さ行】

【た行】

【な行】

【は行】

【ま行】

【や行】

【ら行】

【わ行】

著者紹介

真壁　肇（まかべ　はじめ）

1928年　東京に生まれる
1951年　東京工業大学卒業(応用数学コース)
現　在　東京工業大学 名誉教授
　　　　工学博士
主な著書　『新版 信頼性工学入門』(編著)，日本規格協会
　　　　　『信頼性データの解析』，岩波書店
　　　　　『品質保証のための信頼性入門』(共著)，日科技連出版社

鈴木和幸（すずき　かずゆき）

1950年　東京に生まれる
1979年　東京工業大学大学院博士課程修了
現　在　電気通信大学 名誉教授，同大学大学院情報理工学研究科 特任教授
　　　　工学博士
主な著書　『信頼性・安全性の確保と未然防止』，日本規格協会
　　　　　『未然防止の原理とそのシステム』，日科技連出版社
　　　　　『信頼性データ解析』(編著)，日科技連出版社

品質管理と品質保証，信頼性の基礎

2018年6月30日　第1刷発行
2022年8月4日　第4刷発行

著　者　真壁　肇
　　　　鈴木和幸
発行人　戸羽節文

検印省略

発行所　株式会社 日科技連出版社
〒151-0051　東京都渋谷区千駄ヶ谷5-15-5
DSビル
電　話　出版　03-5379-1244
　　　　営業　03-5379-1238

Printed in Japan　　印刷・製本　株式会社中央美術研究所

URL　http://www.juse-p.co.jp/
ISBN 978-4-8171-9646-0